计算机网络实训教程

张　健　张伟岗　编

西北工业大学出版社
西　安

【内容简介】 本书是依据计算机网络课程教学大纲要求编写的一本实验教学指导书。全书分上、下两篇，共28个实验，包括计算机网络课程的主要实验内容及相关模拟器使用，同时结合了中兴相关型号设备的实体实验。不同层次、不同需要的学生可根据本专业教学要求进行选择，也可自行开发实验内容。

全书内容丰富，概念清晰，指导性强，既便于教师组织教学，又利于学生自学。

本书可作为高等院校通信、电子、自动化、计算机应用等专业的实验教材，也可作为相关专业学生和工程技术人员参考书。

图书在版编目(CIP)数据

计算机网络实训教程/张健，张伟岗编．—西安：西北工业大学出版社，2019.8

ISBN 978-7-5612-6526-0

Ⅰ.①计… Ⅱ.①张… ②张… Ⅲ.①计算机网络-教材 Ⅳ.①TP393

中国版本图书馆CIP数据核字(2019)第180569号

JISUANJI WANGLUO SHIXUN JIAOCHENG

计 算 机 网 络 实 训 教 程

责任编辑： 张 友 **策划编辑：** 李 杰

责任校对： 朱晓娟 **装帧设计：** 李 飞

出版发行： 西北工业大学出版社

通信地址： 西安市友谊西路127号 邮编：710072

电　　话： (029)88491757 88493844

网　　址： www.nwpup.com

印 刷 者： 兴平市博闻印务有限公司

开　　本： 787 mm×1 092 mm 1/16

印　　张： 9.5

字　　数： 249千字

版　　次： 2019年8月第1版 2019年8月第1次印刷

定　　价： 33.00元

前　　言

作为高等工科院校电子信息类专业的重要技术基础课，计算机网络具有很强的实用性和工程指导性，其相应的实验教学对于学生基础理论知识的掌握，基本实验技能、专业技术应用能力、职业素质的培养具有重要作用。为此，编写本书时，注重了以下方面：

(1)在实验项目的设计上，力求通过不同的实验，使学生掌握更多的计算机网络相关概念。

(2)在实验指导内容的编写上，力求做到原理讲述清楚，实验步骤详细，方案选择多样，方便教师教学指导和学生自学使用。

(3)实验内容力求有利于学生动手能力、实际技能的培养，不仅重视原理和结论，更重视过程，重视实验方法、思路。

(4)注重系统性和全面性，力求使学生对计算机网络有一个全面的认识，为学习后续课程和从事实践技术工作打下基础。

本书内容丰富、概念清晰、指导性强，既便于教师组织教学，又利于学生自学。

本书由张健和张伟岗分工合作编写，其中张健编写了实验三至实验二十八，张伟岗编写了实验一、实验二和下篇的实验准备。

编写本书曾参阅了相关文献资料，在此向其作者深表谢意。

由于水平有限，书中疏漏或不妥之处在所难免，恳请读者批评指正。

编　者

2019 年 1 月

实验注意事项

(1)实验前必须充分预习,完成指定的预习任务。预习要求如下:

1)认真阅读实验指导书,分析、掌握实验的工作原理,并进行必要的估算。

2)熟悉实验任务。

3)学习实验中所用各仪器的使用方法及注意事项。

(2)使用仪器和实验设备前必须了解其性能、操作方法及注意事项,在使用时应严格遵守。

(3)实验时接线要认真,仔细检查,确认无误才能接通电源,初学或没有把握的应经指导教师审查同意后再接通电源。

(4)实验时应注意观察,若发现有破坏性异常现象(例如有元件冒烟、发烫或有异味)应立即关断电源,保持现场,报告指导教师。待找出原因,排除故障,并经指导教师同意再继续实验。

(5)实验过程中需要改接线时,应关断电源后才能拆、接线。

(6)实验过程中应仔细观察实验现象,认真记录实验结果(数据、波形、现象)。将所记录的实验结果交指导教师审阅签字后再拆除实验线路。

(7)实验结束后,必须关断电源、拔出电源插头,并将仪器、设备、工具、导线等按规定整理。

(8)实验后必须按要求独立完成实验报告。

(9)实验中特别注意的地方:

1)将实验板插入主机插座后,即已接通地线,但实验板所需的正负电源则要另外使用导线进行连接。

2)接线时连接线要尽可能短。接地点必须接触良好,以减少干扰。

3)实验室电脑上严禁使用个人的移动存储器,如果需要使用,由指导教师在教师机上进行操作,以防实验系统感染计算机病毒。

实验报告要求

实验前应认真阅读实验指导书，明确实验目的和要求，了解实验原理、内容，掌握实验步骤及注意事项，并写出预习报告，内容包括以下方面：

(1)实验目的和要求；

(2)实验仪器、设备连接框图，并标明测量点；

(3)实验记录表格及测试步骤；

(4)实验指导书上规定的其他内容。

做完实验，接着做总结，写出实验报告，内容包括以下方面：

(1)实验仪器名称、型号和编号；

(2)实验数据整理、实验现象分析；

(3)实验方法及仪器使用总结；

(4)问题讨论。

实验报告在实验完成后一周内交到实验室，一律用16开大小的纸写，装订成册。实验波形一律用绘图尺在坐标方格纸上绘制完成。实验室发回的报告应保存好，以备考查。

目　录

上篇　Cisco 模拟器仿真部分

下篇　中兴 NC 设备部分

上篇　Cisco 模拟器仿真部分

实验一　常用网络命令

一、实验目的

(1)理解常用网络命令。
(2)学习使用网络命令解决遇到的问题。
(3)在学习过程中,使用网络体系结构对网络命令进行归纳。

二、实验要求

掌握 Windows 网络命令的功能及用法。

三、实验工具

建议在 Windows 操作系统的虚拟 DOS 终端下进行网络命令的实验。

四、实验步骤

按顺序进行以下命令实验:
1.应用层的常用命令 nslookup
该命令的主要功能如下:
(1)检查 DNS 服务是否正常。
(2)查询某个域名的相关 IP 地址。
(3)查询某个网站的部署情况。
可以首先使用 nslookup/? 查看该命令的所有使用方法,如图 1-1 所示。

```
C:\Documents and Settings\Administrator>nslookup/?
Usage:
   nslookup [-opt ...]             # interactive mode using default server
   nslookup [-opt ...] - server    # interactive mode using 'server'
   nslookup [-opt ...] host        # just look up 'host' using default server
   nslookup [-opt ...] host server # just look up 'host' using 'server'
```

图 1-1　nslookup/? 命令查询结果

根据图 1-1 提示,该命令的一般使用格式是:nslookup 域名,输入具体域名,结果如图 1-2 所示。

由图 1-2 的结果显示,正在工作的 DNS 服务器的主机名是 cache2.ahhfptt.net.cn,它的 IP 地址是 202.102.192.68,而域名 auriga.sina.com.cn 所对应的 IP 地址是 61.172.201.194,61.172.201.195。

```
C:\Documents and Settings\Administrator>nslookup www.sina.com.cn
Server:  cache2.ahhfptt.net.cn
Address:  202.102.192.68

Non-authoritative answer:
Name:    auriga.sina.com.cn
Addresses:  61.172.201.194, 61.172.201.195
Aliases:  www.sina.com.cn, jupiter.sina.com.cn
```

图 1-2　nslookup 域名查询结果

Non-authoritative answer:未证实回答,出现此提示表明该域名的注册主 DNS 非提交查询的 DNS 服务器。

在检测到 DNS 服务器 cache2. ahhfptt. net. cn 已经能顺利实现正向解析的情况下,可以反向解析看是否正常,也就是说,把 IP 地址 61. 172. 201. 194 反向解析为域名 auriga. sina. com. cn。

2. 传输层的常用命令 netstat

该命令的主要功能如下:

(1)检查本地主机的端口占用情况。

(2)检查占用本地主机的端口的进程(程序)。

(3)检查是否有病毒发送 UDP 包。

(4)检查本地主机是否有木马活动(即检查处于 listening,established 状态的进程)。

(5)确认本地主机上必要的服务器进程。

同样也可以先使用 netstat/? 来查看该命令的所有使用方法,如图 1-3 所示。

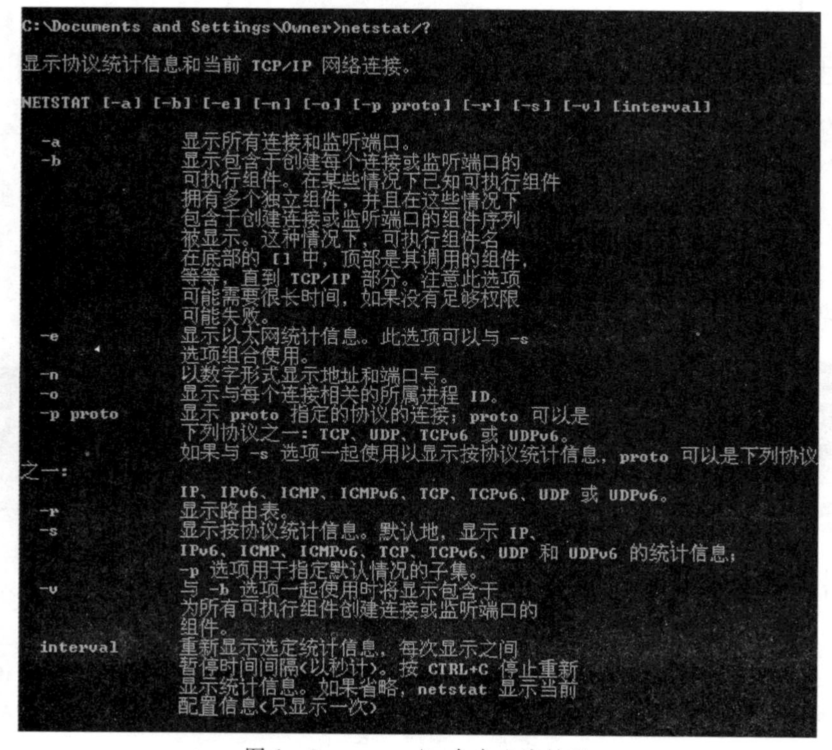

图 1-3　netstat/? 命令查询结果

由图 1－3 结果显示，可使用 netstat －an 命令来检查本地主机的端口占用情况，如图 1－4 所示，即可完成上述(1)(4)功能。

```
C:\Documents and Settings\Administrator>netstat -an

Active Connections

  Proto  Local Address          Foreign Address        State
  TCP    0.0.0.0:80             0.0.0.0:0              LISTENING
  TCP    0.0.0.0:135            0.0.0.0:0              LISTENING
  TCP    0.0.0.0:445            0.0.0.0:0              LISTENING
  TCP    0.0.0.0:1025           0.0.0.0:0              LISTENING
  TCP    0.0.0.0:5678           0.0.0.0:0              LISTENING
  TCP    0.0.0.0:9784           0.0.0.0:0              LISTENING
  TCP    0.0.0.0:12293          0.0.0.0:0              LISTENING
  TCP    127.0.0.1:8600         0.0.0.0:0              LISTENING
  TCP    192.168.0.16:139       0.0.0.0:0              LISTENING
  TCP    192.168.0.16:1232      61.188.190.8:80        CLOSE_WAIT
  TCP    192.168.0.16:1413      61.188.190.8:80        ESTABLISHED
  TCP    192.168.0.16:1414      61.188.190.8:80        ESTABLISHED
  TCP    192.168.0.16:1415      61.188.190.8:80        ESTABLISHED
  TCP    192.168.0.16:1423      61.188.190.8:80        ESTABLISHED
  TCP    192.168.0.16:2808      192.168.0.200:9910     ESTABLISHED
  TCP    192.168.0.16:2809      192.168.0.200:9911     ESTABLISHED
  TCP    192.168.0.16:2846      183.60.1.61:80         TIME_WAIT
  TCP    192.168.0.16:2848      121.14.11.73:80        TIME_WAIT
  TCP    192.168.0.16:2861      121.14.11.41:80        TIME_WAIT
  TCP    192.168.0.16:3780      220.181.125.202:80     CLOSE_WAIT
  UDP    0.0.0.0:80             *:*
  UDP    0.0.0.0:445            *:*
  UDP    0.0.0.0:1028           *:*
```

图 1－4　netstat －an 命令显示结果

也可使用 netstat －abn 命令来检查占用本地主机的端口的进程，如图 1－5 所示，即可完成上述(2)功能，再进行进程分析，完成(3)(4)(5)功能。

```
TCP    192.168.0.16:2979      192.168.0.200:9911     ESTABLISHED     2168
[BarClientView.exe]

TCP    192.168.0.16:1232      61.188.190.8:80        CLOSE_WAIT      3200
[Thunder.exe]

TCP    192.168.0.16:3780      220.181.125.202:80     CLOSE_WAIT      5108
[sogouservice.exe]

TCP    192.168.0.16:2993      183.60.1.61:80         TIME_WAIT       0
UDP    0.0.0.0:2327           *:*                                    3192
[360se.exe]

UDP    0.0.0.0:1831           *:*                                    5204
[QQLive.exe]

UDP    0.0.0.0:2607           *:*                                    5204
[QQLive.exe]
```

图 1－5　netstat －abn 命令显示结果

3. 网络层常用的命令 ipconfig，ping，tracert，pathping

(1)ipconfig 命令的主要功能。

使用该命令可显示每个已经配置了的接口的 IP 地址、子网掩码和缺省网关值，如图 1－6 所示。

同样也可以先使用 ipconfig/? 来查看该命令的所有使用方法，如图 1－7 所示。

```
C:\Documents and Settings\Administrator>ipconfig

Windows IP Configuration


Ethernet adapter 本地连接:

    Connection-specific DNS Suffix  . :
    IP Address. . . . . . . . . . . . : 192.168.0.16
    Subnet Mask . . . . . . . . . . . : 255.255.255.0
    Default Gateway . . . . . . . . . : 192.168.0.2
```

图 1-6　ipconfig 命令显示结果

```
C:\WINDOWS\system32\cmd.exe

C:\Documents and Settings\Administrator>ipconfig/?

USAGE:
    ipconfig [/? | /all | /renew [adapter] | /release [adapter] |
              /flushdns | /displaydns | /registerdns |
              /showclassid adapter |
              /setclassid adapter [classid] ]

where
    adapter         Connection name
                   (wildcard characters * and ? allowed, see examples)

    Options:
       /?           Display this help message
       /all         Display full configuration information.
       /release     Release the IP address for the specified adapter.
       /renew       Renew the IP address for the specified adapter.
       /flushdns    Purges the DNS Resolver cache.
       /registerdns Refreshes all DHCP leases and re-registers DNS names
       /displaydns  Display the contents of the DNS Resolver Cache.
       /showclassid Displays all the dhcp class IDs allowed for adapter.
       /setclassid  Modifies the dhcp class id.

The default is to display only the IP address, subnet mask and
default gateway for each adapter bound to TCP/IP.

For Release and Renew, if no adapter name is specified, then the IP address
leases for all adapters bound to TCP/IP will be released or renewed.

For Setclassid, if no ClassId is specified, then the ClassId is removed.

Examples:
    > ipconfig                       ... Show information.
    > ipconfig /all                  ... Show detailed information
    > ipconfig /renew                ... renew all adapters
    > ipconfig /renew EL*            ... renew any connection that has its
                                         name starting with EL
    > ipconfig /release *Con*        ... release all matching connections,
                                         eg. "Local Area Connection 1" or
                                             "Local Area Connection 2"

C:\Documents and Settings\Administrator>
```

图 1-7　ipconfig/? 命令显示结果

ipconfig 命令的常用参数有 3 个:all, release 和 renew。

当使用 all 参数选项时,ipconfig 可显示 DNS 和 WINS 服务器已配置且所要使用的附加信息(如 IP 地址等),并且显示内置于本地网卡中的物理地址(MAC)。如果 IP 地址是从 DHCP 服务器租用的,ipconfig 将显示 DHCP 服务器的 IP 地址和租用地址预计失效的日期,如图 1-8 所示。

```
C:\WINDOWS\system32\cmd.exe

C:\Documents and Settings\Administrator>ipconfig/all

Windows IP Configuration

        Host Name . . . . . . . . . . . . : STU016
        Primary Dns Suffix  . . . . . . . :
        Node Type . . . . . . . . . . . . : Unknown
        IP Routing Enabled. . . . . . . . : Yes
        WINS Proxy Enabled. . . . . . . . : No

Ethernet adapter 本地连接:

        Connection-specific DNS Suffix  . :
        Description . . . . . . . . . . . : Realtek RTL8139/810x Family Fast Ethernet
 NIC
        Physical Address. . . . . . . . . : 00-09-4C-31-2A-23
        DHCP Enabled. . . . . . . . . . . : No
        IP Address. . . . . . . . . . . . : 192.168.0.16
        Subnet Mask . . . . . . . . . . . : 255.255.255.0
        Default Gateway . . . . . . . . . : 192.168.0.2
        DNS Servers . . . . . . . . . . . : 202.102.192.68
                                            202.102.199.68

C:\Documents and Settings\Administrator>
```

图 1-8　ipconfig /all 命令显示结果

release 和 renew 两个是附加参数选项，只能在向 DHCP 服务器租用其 IP 地址的计算机上起作用。如果输入 ipconfig /release，那么所有接口的租用 IP 地址便重新交付给 DHCP 服务器(归还 IP 地址)。如果输入 ipconfig /renew，那么本地计算机便设法与 DHCP 服务器取得联系，并租用一个 IP 地址。请注意，大多数情况下网卡将被重新赋予和以前所赋予的相同的 IP 地址。由如图 1-9 所示的实验结果可知，此计算机并没有向 DHCP 服务器租用其 IP 地址。

```
C:\Documents and Settings\Administrator>ipconfig/renew

Windows IP Configuration

The operation failed as no adapter is in the state permissible for
this operation.

C:\Documents and Settings\Administrator>ipconfig/release

Windows IP Configuration

The operation failed as no adapter is in the state permissible for
this operation.
```

图 1-9　ipconfig /renew 命令显示结果

(2)ping 命令的主要功能。

1)验证 IP 级的连通性。

2)向目标主机名或 IP 地址发送 ICMP 报文请求回应。

可以使用 ping/? 查看该命令的所有使用方法，如图 1-10 所示。

ping 命令常用不带参数选项的形式，其一般使用情况有以下几种：

1)ping 环回地址验证是否在本地计算机上安装了 TCP/IP 以及配置是否正确，如图1-11 所示。从结果可看出本地计算机上安装了 TCP/IP 且配置正确。

```
C:\Documents and Settings\Administrator>ping /?

Usage: ping [-t] [-a] [-n count] [-l size] [-f] [-i TTL] [-v TOS]
            [-r count] [-s count] [[-j host-list] | [-k host-list]]
            [-w timeout] [-R] [-S srcaddr] [-4] [-6] target_name

Options:
    -t             Ping the specified host until stopped.
                   To see statistics and continue - type Control-Break;
                   To stop - type Control-C.
    -a             Resolve addresses to hostnames.
    -n count       Number of echo requests to send.
    -l size        Send buffer size.
    -f             Set Don't Fragment flag in packet (IPv4-only).
    -i TTL         Time To Live.
    -v TOS         Type Of Service (IPv4-only).
    -r count       Record route for count hops (IPv4-only).
    -s count       Timestamp for count hops (IPv4-only).
    -j host-list   Loose source route along host-list (IPv4-only).
    -k host-list   Strict source route along host-list (IPv4-only).
    -w timeout     Timeout in milliseconds to wait for each reply.
    -R             Trace round-trip path (IPv6-only).
    -S srcaddr     Source address to use (IPv6-only).
    -4             Force using IPv4.
    -6             Force using IPv6.
```

图 1-10　ping/? 命令显示结果

```
C:\Documents and Settings\Administrator>ping 127.0.0.1

Pinging 127.0.0.1 with 32 bytes of data:

Reply from 127.0.0.1: bytes=32 time<1ms TTL=64
Reply from 127.0.0.1: bytes=32 time<1ms TTL=64
Reply from 127.0.0.1: bytes=32 time<1ms TTL=64
Reply from 127.0.0.1: bytes=32 time<1ms TTL=64

Ping statistics for 127.0.0.1:
    Packets: Sent = 4, Received = 4, Lost = 0 (0% loss),
Approximate round trip times in milli-seconds:
    Minimum = 0ms, Maximum = 0ms, Average = 0ms
```

图 1-11　ping 环回地址

2)ping 本机地址应始终有应答,否则表示本地安装或者配置有问题。如图 1-12 所示,表示本地安装及配置正确。

```
C:\Documents and Settings\Administrator>ping 192.168.0.16

Pinging 192.168.0.16 with 32 bytes of data:

Reply from 192.168.0.16: bytes=32 time<1ms TTL=64
Reply from 192.168.0.16: bytes=32 time<1ms TTL=64
Reply from 192.168.0.16: bytes=32 time<1ms TTL=64
Reply from 192.168.0.16: bytes=32 time<1ms TTL=64

Ping statistics for 192.168.0.16:
    Packets: Sent = 4, Received = 4, Lost = 0 (0% loss),
Approximate round trip times in milli-seconds:
    Minimum = 0ms, Maximum = 0ms, Average = 0ms
```

图 1-12　ping 本机 IP

3)ping 网关应答正确，则表示局域网中的网关路由器运行正常，如图 1-13 所示。

```
C:\Documents and Settings\Administrator>ping 192.168.0.2

Pinging 192.168.0.2 with 32 bytes of data:

Reply from 192.168.0.2: bytes=32 time<1ms TTL=64
Reply from 192.168.0.2: bytes=32 time<1ms TTL=64
Reply from 192.168.0.2: bytes=32 time<1ms TTL=64
Reply from 192.168.0.2: bytes=32 time<1ms TTL=64

Ping statistics for 192.168.0.2:
    Packets: Sent = 4, Received = 4, Lost = 0 (0% loss),
Approximate round trip times in milli-seconds:
    Minimum = 0ms, Maximum = 0ms, Average = 0ms
```

图 1-13　ping 默认网关

4)ping 局域网内的其他 IP，用以测试本机与测试主机之间的连通性，如图 1-14 所示。

```
C:\Documents and Settings\Administrator>ping 192.168.0.15

Pinging 192.168.0.15 with 32 bytes of data:

Reply from 192.168.0.15: bytes=32 time<1ms TTL=64
Reply from 192.168.0.15: bytes=32 time<1ms TTL=64
Reply from 192.168.0.15: bytes=32 time<1ms TTL=64
Reply from 192.168.0.15: bytes=32 time<1ms TTL=64

Ping statistics for 192.168.0.15:
    Packets: Sent = 4, Received = 4, Lost = 0 (0% loss),
Approximate round trip times in milli-seconds:
    Minimum = 0ms, Maximum = 0ms, Average = 0ms
```

图 1-14　ping 局域网地址

由图 1-14 可知，本次局域网内测试，连通性正确。

(3)tracert 命令的主要功能。

tracert 命令的主要功能是跟踪网络连接，具体过程如下：

1)通过向目标发送不同 IP 生存时间（TTL）值的“因特网控制消息协议”(ICMP)数据包，tracert 诊断程序确定到目标所采取的路由。

2)要求路径上的每个路由器在转发数据包之前至少将数据包上的 TTL 值递减 1。

3)数据包上的 TTL 值减为 0 时，路由器应该将“ICMP 已超时”的消息发回源系统。

可直接使用 tracert 查看该命令的使用方法，如图 1-15 所示。

```
C:\Documents and Settings\Administrator>tracert

Usage: tracert [-d] [-h maximum_hops] [-j host-list] [-w timeout]
               [-R] [-S srcaddr] [-4] [-6] target_name

Options:
    -d                 Do not resolve addresses to hostnames.
    -h maximum_hops    Maximum number of hops to search for target.
    -j host-list       Loose source route along host-list (IPv4-only).
    -w timeout         Wait timeout milliseconds for each reply.
    -R                 Trace round-trip path (IPv6-only).
    -S srcaddr         Source address to use (IPv6-only).
    -4                 Force using IPv4.
    -6                 Force using IPv6.
```

图 1-15　tracert 命令显示信息

以 tracert 命令带—d 参数选项为例，对某个服务器或 IP 的路由进行跟踪，如图 1－16 所示。

```
C:\Documents and Settings\Administrator>tracert 192.168.0.15 -d

Tracing route to STU015 [192.168.0.15]
over a maximum of 30 hops:

  1    <1 ms    <1 ms    <1 ms  192.168.0.15

Trace complete.
```

图 1－16　tracert 路由命令显示信息

使用 tracert 命令可以判断网络故障出现在哪些设备上，当遇到某些网络设备（如防火墙）阻止了 tracert 命令发的数据包时，对应的 IP 地址解析不出来，出现的是 * * *。

(4)pathping 命令的主要功能。

pathping 命令的主要功能是测试路由器，具体功能如下：

1)pathping 命令是将 ping 和 tracert 命令的功能和这两个命令所不提供的其他信息结合起来。

2)pathping 命令在一段时间内将数据包发送到到达最终目标的路径上的每个路由器，然后基于数据包的计算结果从每个步跳返回。

3)命令显示数据包在任何给定路由器或连接上丢失的程度，因此可以很容易地确定可能导致网络问题的路由器或连接。

同样可直接使用 pathping 查看该命令的使用方法，如图 1－17 所示。

```
C:\Documents and Settings\Owner>pathping

Usage: pathping [-g host-list] [-h maximum_hops] [-i address] [-n]
                [-p period] [-q num_queries] [-w timeout] [-P] [-R] [-T]
                [-4] [-6] target_name

Options:
    -g host-list     Loose source route along host-list.
    -h maximum_hops  Maximum number of hops to search for target.
    -i address       Use the specified source address.
    -n               Do not resolve addresses to hostnames.
    -p period        Wait period milliseconds between pings.
    -q num_queries   Number of queries per hop.
    -w timeout       Wait timeout milliseconds for each reply.
    -P               Test for RSVP PATH connectivity.
    -R               Test if each hop is RSVP aware.
    -T               Test connectivity to each hop with Layer-2 priority tags.
    -4               Force using IPv4.
    -6               Force using IPv6.
```

图 1－17　pathping 命令显示信息

以 pathping 命令带- n 参数选项为例，进行到达主机 IP 的路由器测试，如图 1－18 所示。

由图 1－18 可知，此次测试的统计时间为 25s，显示了转发经历的两跳地址，且丢失率均为 0，测试结果显示为正常。

```
C:\Documents and Settings\Administrator>pathping -n 192.168.0.15

Tracing route to 192.168.0.15 over a maximum of 30 hops

  0  192.168.0.16
  1  192.168.0.15

Computing statistics for 25 seconds...
            Source to Here   This Node/Link
Hop  RTT    Lost/Sent = Pct  Lost/Sent = Pct  Address
  0                                           192.168.0.16
                                0/ 100 =  0%   |
  1    0ms     0/ 100 =  0%     0/ 100 =  0%  192.168.0.15

Trace complete.
```

图 1－18　pathping －n 命令显示信息

4. 链路层常用命令 arp

该命令的主要功能如下：

(1)进行 IP 地址和 MAC 地址的翻译。

(2)对关键地址对进行静态绑定(如默认网关的地址)，防范 arp 攻击。

(3)侦察局域网内主机当前 IP 和 MAC 地址的对应关系，发现 IP 地址"盗用"。

可以使用 arp/? 查看该命令的所有使用方法，如图 1－19 所示。

```
C:\Documents and Settings\Administrator>arp/?

Displays and modifies the IP-to-Physical address translation tables used by
address resolution protocol (ARP).

ARP -s inet_addr eth_addr [if_addr]
ARP -d inet_addr [if_addr]
ARP -a [inet_addr] [-N if_addr]

  -a            Displays current ARP entries by interrogating the current
                protocol data.  If inet_addr is specified, the IP and Physical
                addresses for only the specified computer are displayed.  If
                more than one network interface uses ARP, entries for each ARP
                table are displayed.
  -g            Same as -a.
  inet_addr     Specifies an internet address.
  -N if_addr    Displays the ARP entries for the network interface specified
                by if_addr.
  -d            Deletes the host specified by inet_addr. inet_addr may be
                wildcarded with * to delete all hosts.
  -s            Adds the host and associates the Internet address inet_addr
                with the Physical address eth_addr.  The Physical address is
                given as 6 hexadecimal bytes separated by hyphens. The entry
                is permanent.
  eth_addr      Specifies a physical address.
  if_addr       If present, this specifies the Internet address of the
                interface whose address translation table should be modified.
                If not present, the first applicable interface will be used.
Example:
  > arp -s 157.55.85.212   00-aa-00-62-c6-09  .... Adds a static entry.
  > arp -a                                    .... Displays the arp table.
```

图 1－19　arp/? 命令显示信息

以命令 arp 带－a 选项参数为例，列出网关的 IP 和 MAC，如图 1－20 所示。

动态获得的 arp 表容易破坏，对关键地址建议采用"静态绑定"，可使用 arp-s IP_Addr Mac_Addr 进行绑定。

```
C:\Documents and Settings\Administrator>arp -a

Interface: 192.168.0.16 --- 0x2
  Internet Address      Physical Address      Type
  192.168.0.2           00-b0-c2-02-17-9f     dynamic
  192.168.0.7           00-09-4c-31-2a-48     static
  192.168.0.12          00-09-4c-31-29-fd     static
  192.168.0.13          00-09-4c-31-29-f4     static
  192.168.0.14          00-09-4c-31-29-e7     static
  192.168.0.15          00-09-4c-31-2a-44     static
  192.168.0.16          00-09-4c-31-2a-23     static
  192.168.0.17          00-09-4c-31-29-fc     static
  192.168.0.18          00-09-4c-31-2a-33     static
  192.168.0.19          00-09-4c-31-29-c3     static
  192.168.0.20          00-09-4c-31-29-ef     static
  192.168.0.23          00-09-4c-31-2a-ec     static
  192.168.0.24          00-09-4c-31-2a-ff     static
  192.168.0.25          00-09-73-55-f0-e6     static
```

图 1-20　arp -a 命令显示信息

5. 平台相关的常用命令 net user

该命令的主要功能如下：

(1)检查本地主机的用户。Windows 主机的用户分普通用户和服务用户，前者供主机登录使用，后者供服务程序使用。

(2)检查用户的详细情况和权限。

可以使用 net user 来查看本地主机的用户，如图 1-21 所示，可看到其中主要用户为 administrator。

图 1-21　net user 命令显示信息

进一步可以使用 net user 来查看用户 administrator 的详细情况和权限，如图 1-22 所示，显示了该用户的所有信息和权限。

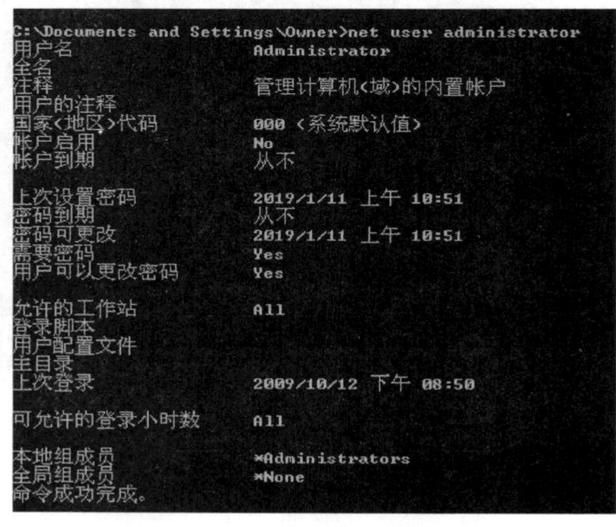

图 1-22　net user administrator 命令显示信息

实验二　使用 HTML 制作网页

一、实验目的

(1)理解 HTML 标记的作用和使用技巧。

(2)掌握 HTML 标记构成网页文件的方法,如图文混排效果、建立框架组和超链接。

(3)初步掌握使用 Javascript 制作动态网页的基本方法。

(4)熟练掌握制作超链接的方法,将所有页面形成套组。

二、实验要求

按要求制作网页,并以超链接的形式制作网页套组。图 2-1 所示为套组中的主页,从该页面进去后,应有三张图片的正常显示,点击"教学用书"的超链接,应能跳转到图 2-7 所示的页面,且文字上下跳动。再自行将图 2-1 主页中的"教学目标"也制作成超链接,点击"教学目标"后,应跳转到图 2-3 所示的页面,而点击图 2-3 页面中的超链接也应能相应跳转到章节内容。

三、实验工具

建议在 Windows 操作系统下,使用记事本来完成网页源文件的编写。

四、实验步骤

(1)使用 HTML 标记产生如图 2-1 所示的一个页面,并可自我填充图片和简单更改,作为整个网页套组的首页,即主页。

具体制作步骤如下:选择"开始"|"附件"|"记事本"命令,在记事本窗口中输入 HTML 文档内容,如图 2-2 所示。

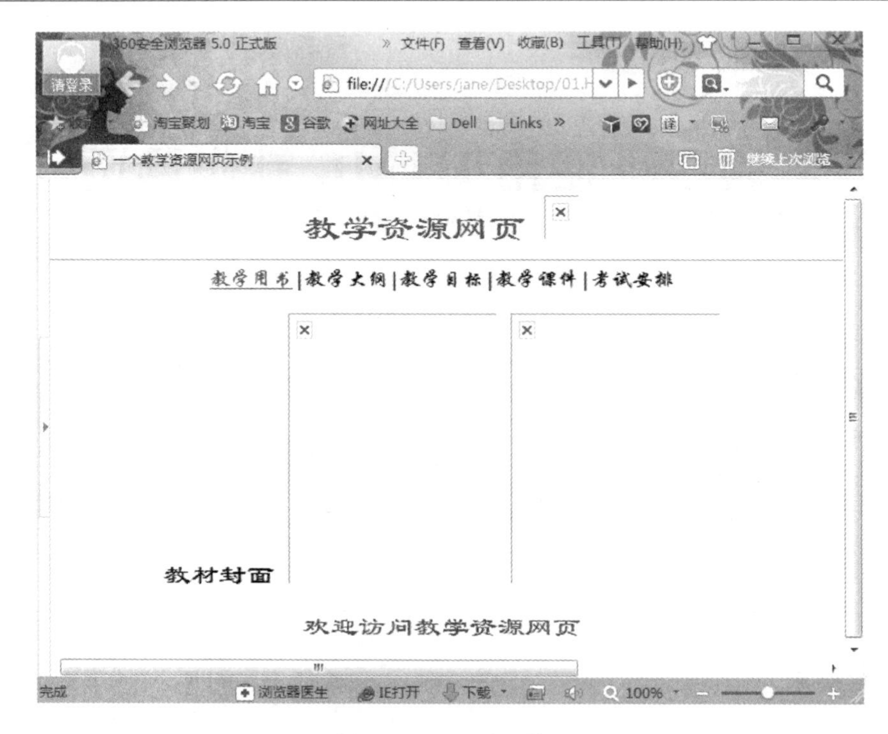

图 2-1　HTML 页面

01.HTM - 记事本

文件(F)　编辑(E)　格式(O)　查看(V)　帮助(H)

```
<html>
<head>
<title>一个教学资源网页示例</title>
</head>
<body bgcolor="white">
<div align="center">
<p>
  <font color="red" size="6" face="隶书">教学资源网页
   <img src="01.jpg" width=30 height=40>
  </font>
  <hr width=1000>
  <font color="black" size="4" face="华文行楷">
    <a href="link01.htm">教学用书</a>|教学大纲|教学目标|教学课
件|考试安排
  </font>
</p>
<p>
  <font color="black" size="5" face="隶书">教材封面
   <img src="02.jpg" width=180 height=240>
   <img src="03.jpg" width=180 height=240>
  </font>
</p>
<p>
  <font color="red" size="5" face="隶书">欢迎访问教学资源网页
</font>
</p>
</div>
</body>
</html>
```

图 2-2　HTML 文档内容

说明：HTML 文档中的第 3 行指定网页标题是“一个教学资源网页示例”，第 5 行表示网页背景颜色为白色，第 8～10 行指定网页首行显示一个红色标题“教学资源网页”和一个指定尺寸的图片，第 11 行表示一条水平分隔线，第 12～15 行指定网页此行的“教学用书”位置显示黑色信息和一个超链接，第 18～21 行显示教材封面的两个指定尺寸的图片，第 24 行用于显示末尾信息。

(2)使用 HTML 标记产生如图 2-3 所示的一个页面，并将所有需要制作超链接的部分填充完整。

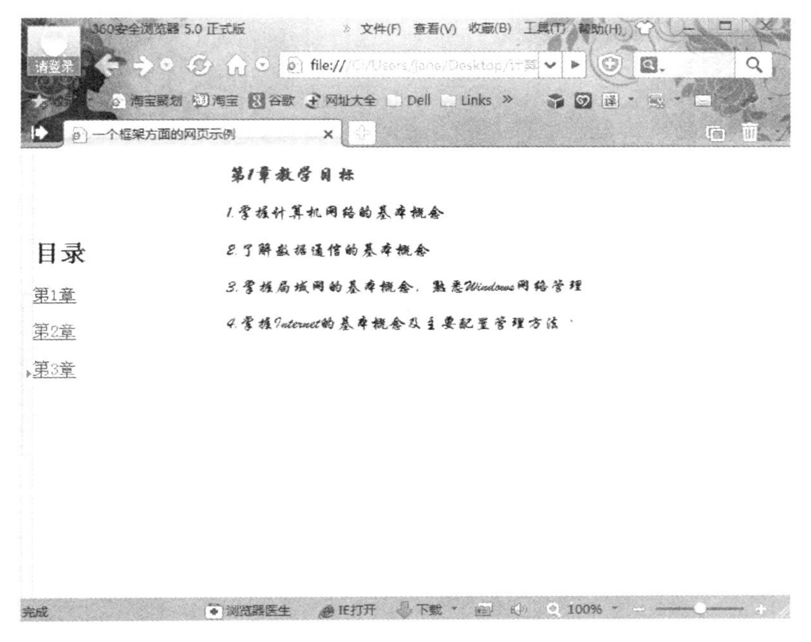

图 2-3 HTML 页面

具体步骤如下：选择“开始”|“附件”|“记事本”命令，在记事本窗口中输入 HTML 文档内容。输入 main. HTML 文档内容如图 2-4 所示。

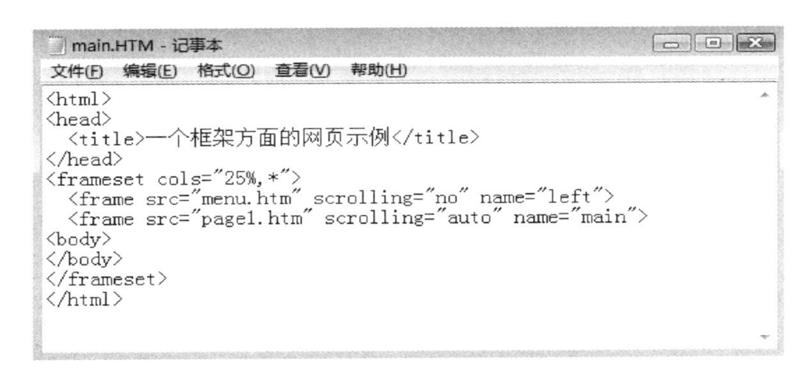

```
<html>
<head>
  <title>一个框架方面的网页示例</title>
</head>
<frameset cols="25%,*">
  <frame src="menu.htm" scrolling="no" name="left">
  <frame src="page1.htm" scrolling="auto" name="main">
<body>
</body>
</frameset>
</html>
```

图 2-4 HTML 源文件(1)

说明:文档中的第 3 行指定网页标题,第 5~7 行表示网页被分为分别占 25%和 75%的左、右两部分,其中左边部分将对应 menu 文档,右边部分将对应 page1 文档。

输入 menu. HTM 文档内容如图 2-5 所示。

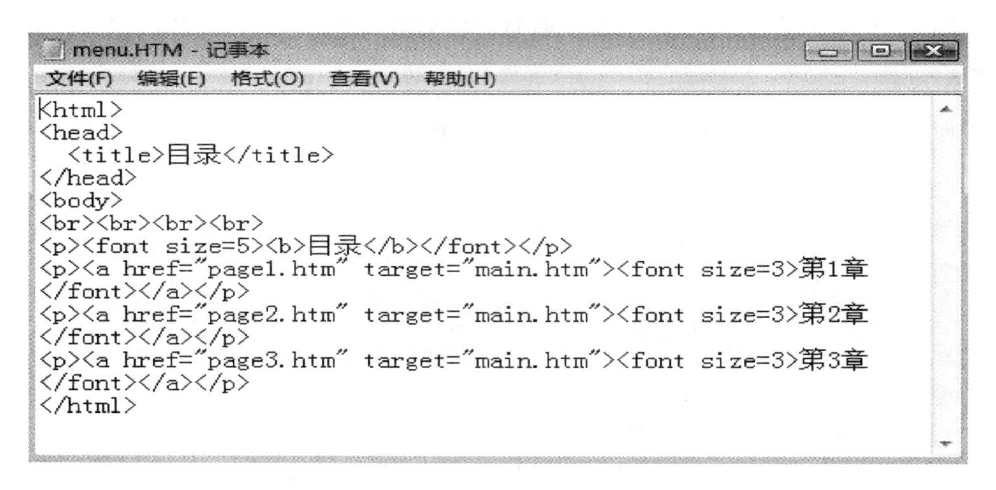

```
menu.HTM - 记事本
文件(F) 编辑(E) 格式(O) 查看(V) 帮助(H)
<html>
<head>
  <title>目录</title>
</head>
<body>
<br><br><br><br>
<p><font size=5><b>目录</b></font></p>
<p><a href="page1.htm" target="main.htm"><font size=3>第1章
</font></a></p>
<p><a href="page2.htm" target="main.htm"><font size=3>第2章
</font></a></p>
<p><a href="page3.htm" target="main.htm"><font size=3>第3章
</font></a></p>
</html>
```

图 2-5 HTML 源文件(2)

说明:文档中的第 3 行指定网页标题,第 6 行表示产生 4 条水平线,第 7~13 行表示网页中的左框架部分,其中还指定了 3 个超链接。

输入 page1. HTM 文档内容如图 2-6 所示。

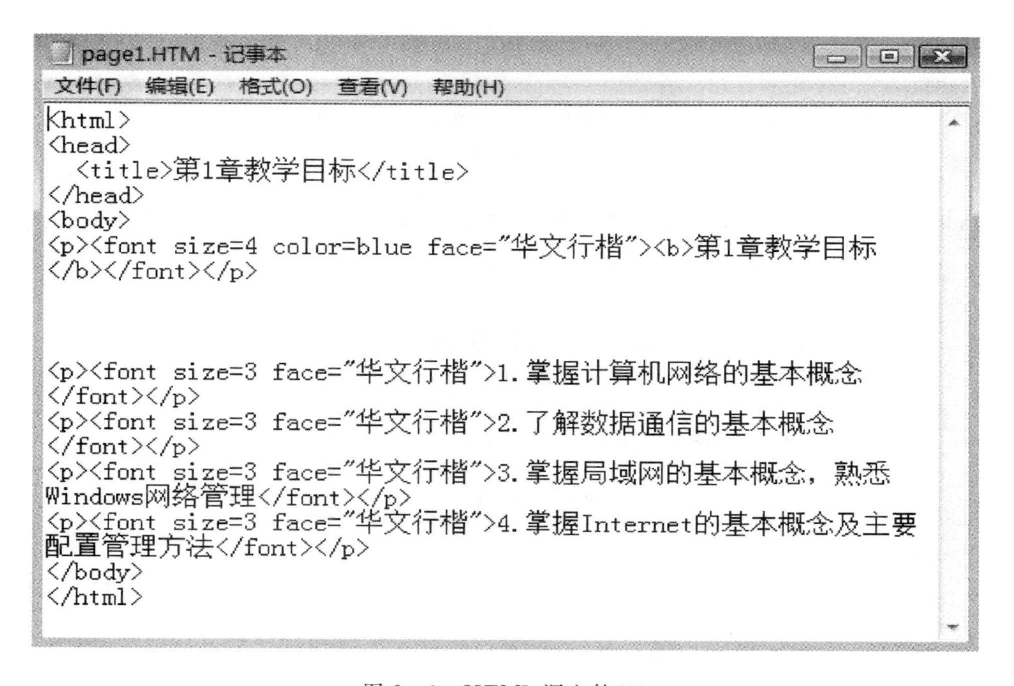

```
page1.HTM - 记事本
文件(F) 编辑(E) 格式(O) 查看(V) 帮助(H)
<html>
<head>
  <title>第1章教学目标</title>
</head>
<body>
<p><font size=4 color=blue face="华文行楷"><b>第1章教学目标
</b></font></p>



<p><font size=3 face="华文行楷">1.掌握计算机网络的基本概念
</font></p>
<p><font size=3 face="华文行楷">2.了解数据通信的基本概念
</font></p>
<p><font size=3 face="华文行楷">3.掌握局域网的基本概念, 熟悉
Windows网络管理</font></p>
<p><font size=3 face="华文行楷">4.掌握Internet的基本概念及主要
配置管理方法</font></p>
</body>
</html>
```

图 2-6 HTML 源文件(3)

说明：文档中的第 3 行指定网页标题，第 5～19 行表示网页中的右框架部分，主要内容由 6 个段落标记指定文本信息。

(3)使用 Javascript 产生如图 2－7 所示的页面，完成文字上下跳动的效果。

具体步骤如下：选择“开始”|“附件”|“记事本”命令，在记事本窗口中输入 HTML 文档内容，如图 2－8 所示。

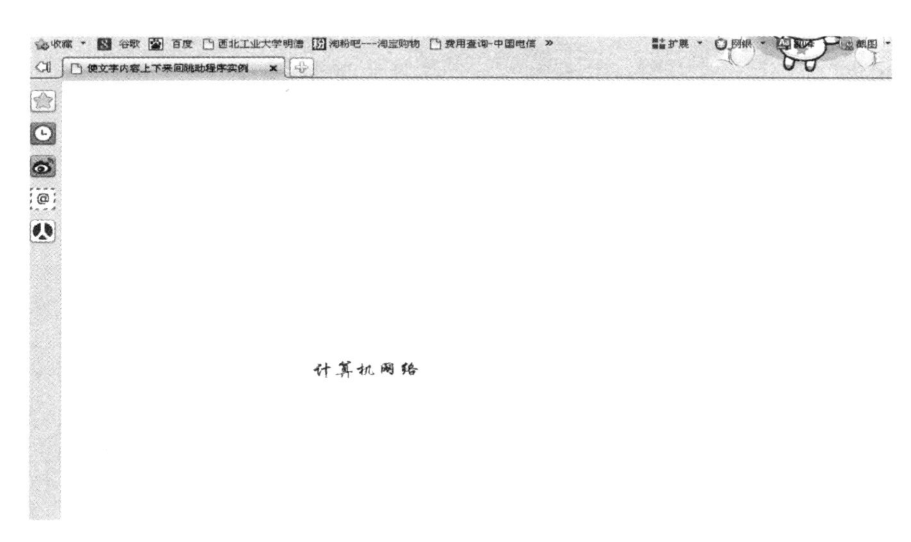

图 2－7　Javascript 页面

文字跳动.htm － 记事本

文件(F)　编辑(E)　格式(O)　查看(V)　帮助(H)

```
<html>
<head>
      <title>使文字内容上下来回跳动程序实例</title>
</head>

<body onload="pulseTo(16);">
<script language="JavaScript">
var move="down";                    //确定文字移动方向
function pulseTo(top)               //跳至位置top
{
  pulse_text.style.top=top;
  if (top>document.body.offsetHeight-40)
     move="up";                     //文字内容向上移动
  if (top<36)
     move="down";                   //文字内容向下移动
  if (move=="down")
     step=6;
  else
     step=-6;
  setTimeout('pulseTo('+(top+step)+')',40);
}
</script>
<p id="pulse_text" style="position:absolute;top:20;width:480;height:36;left:280">
<font size=5 face="华文行楷" color="red">计算机网络
</font>
</p>
</body>
</html>
```

图 2－8　Javascript 源文件

说明:HTML 文档中的第 3 行指定网页标题是“使文字内容上下来回跳动程序实例”,第 5 行表示网页文件加载后将自动调用函数 pulseTo(),第 8～20 行定义函数 pulseTo(),该函数是根据上下移位情况来确定文字移动方向,第 22～25 行指定进行移动的文字。

五、实验验证

按照实验要求,以图 2-1 为套组中的主页,从该页面进去后,应有三张图片的正常显示,点击“教学用书”的超链接,应能跳转到图 2-7 所示的页面,且文字上下跳动。再自行将图 2-1主页中的“教学目标”也制作成超链接,点击“教学目标”后,应跳转到图 2-3 所示的页面,而图 2-3 页面中的超链接也应能相应跳转到章节内容,即实验正确。

实验三 认识 Cisco 模拟器

一、实验目的

(1)认识并学习 Cisco 模拟器软件的基本操作界面。
(2)学习使用该模拟软件搭建基本的实验拓扑。
(3)在学习过程中,使用网络体系结构对网络常用指令进行归纳。

二、实验要求

按照实验步骤进行 Cisco 模拟器的认识,同时搭建一个基本的拓扑。

三、实验工具

建议使用 Cisco Packet Tracer 5.3 及其以上版本的模拟器。
Cisco 模拟器的主界面如图 3-1 所示。

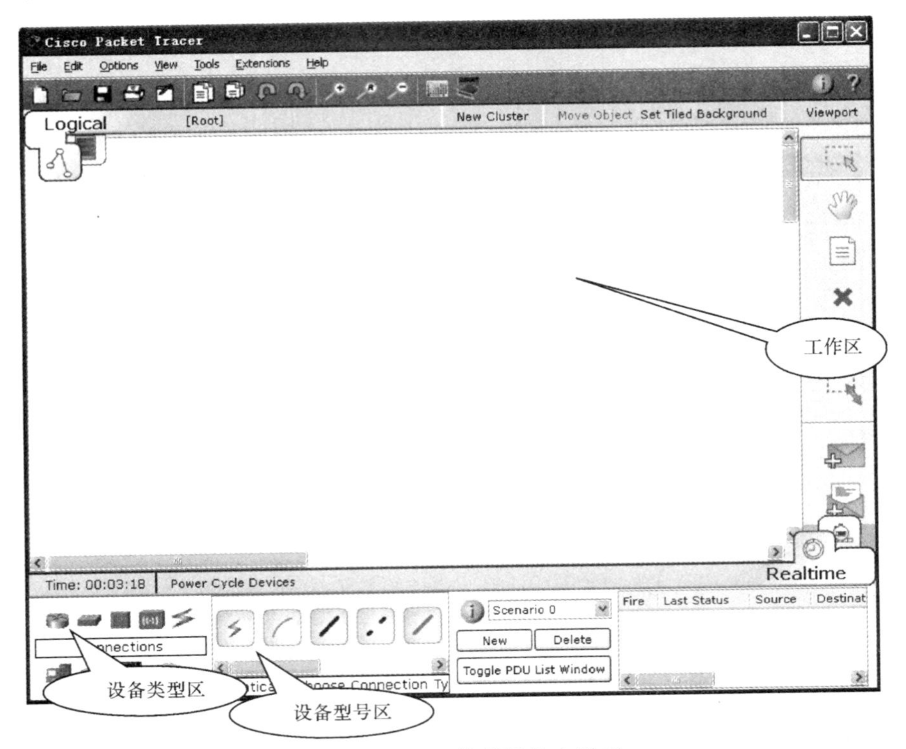

图 3-1 Cisco 模拟器的主界面

四、实验步骤

添加网络设备及网络构建的基本步骤如下：

(1)在设备类型区找到所需要添加的设备类型，然后从设备型号区添加需要的设备型号。例如添加交换机，则先在设备类型区选择“交换机”，然后在设备型号区选择具体的型号，如图3-2所示。

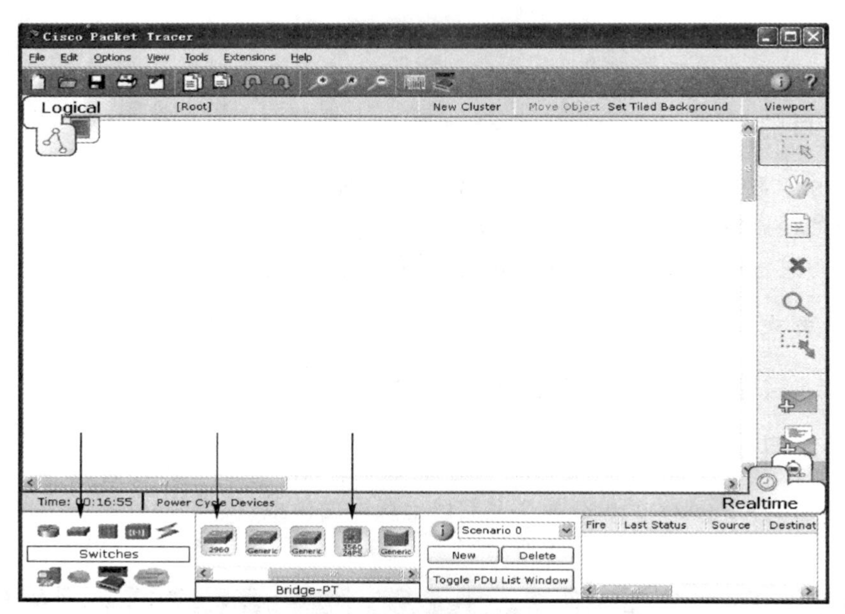

图3-2　选择交换机

(2)在设备型号区将选定的设备用鼠标拖移至工作区，如图3-3所示。

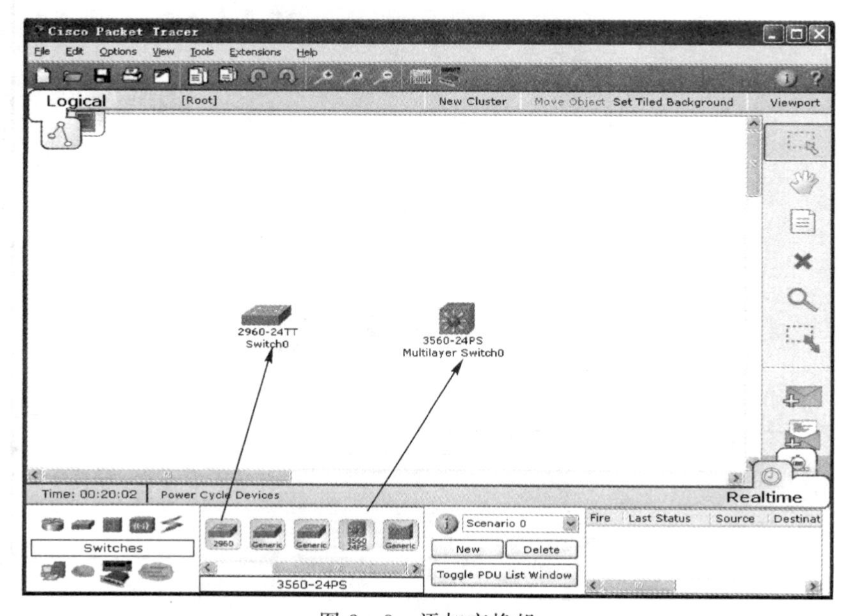

图3-3　添加交换机

(3)在设备类型区找到“End Devices”添加计算机,如图 3-4 所示。

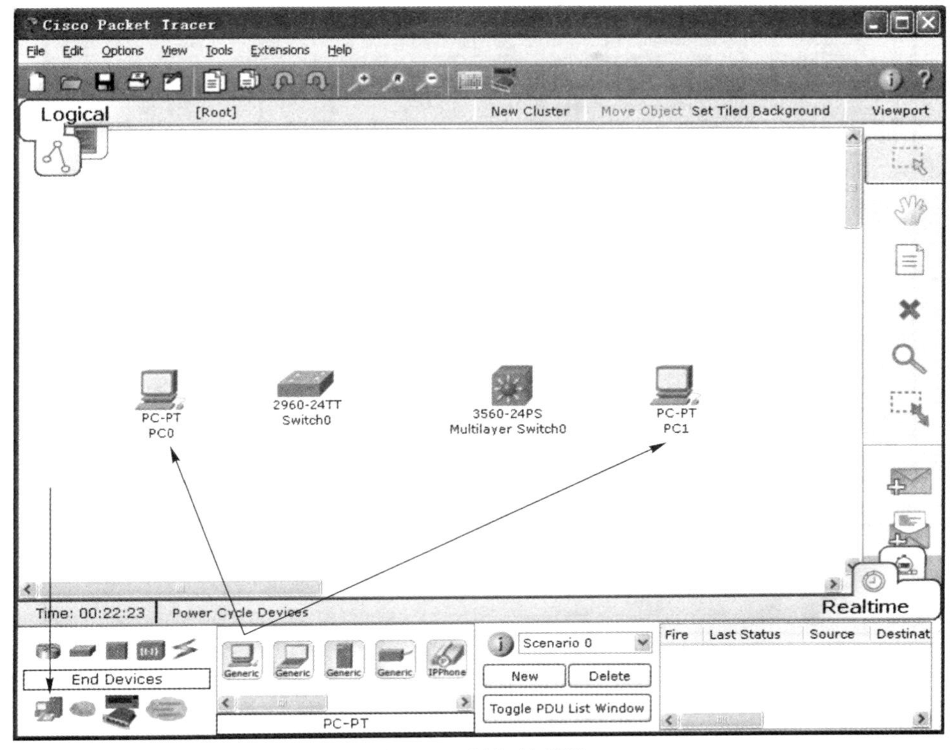

图 3-4　添加计算机

(4)在设备类型区里找到“Connections”添加连接线。连接线有很多种类,如图 3-5 所示,需要根据不同的设备进行选择,也可以让软件自动选择。本例选择直通线。

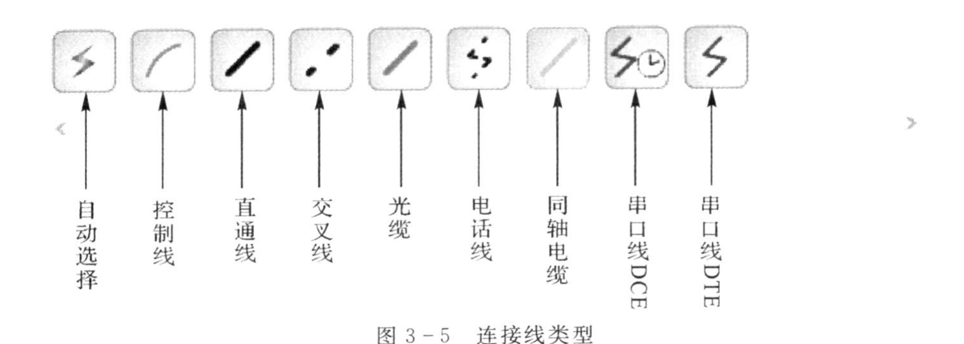

图 3-5　连接线类型

(5)连接计算机与交换机:选择直通线后,点击计算机,在弹出的下拉列表中选择接口,如图 3-6 所示;再点击交换机,在弹出的下拉列表中选择接口,如图 3-7 所示。这样计算机与交换机就连接好了。

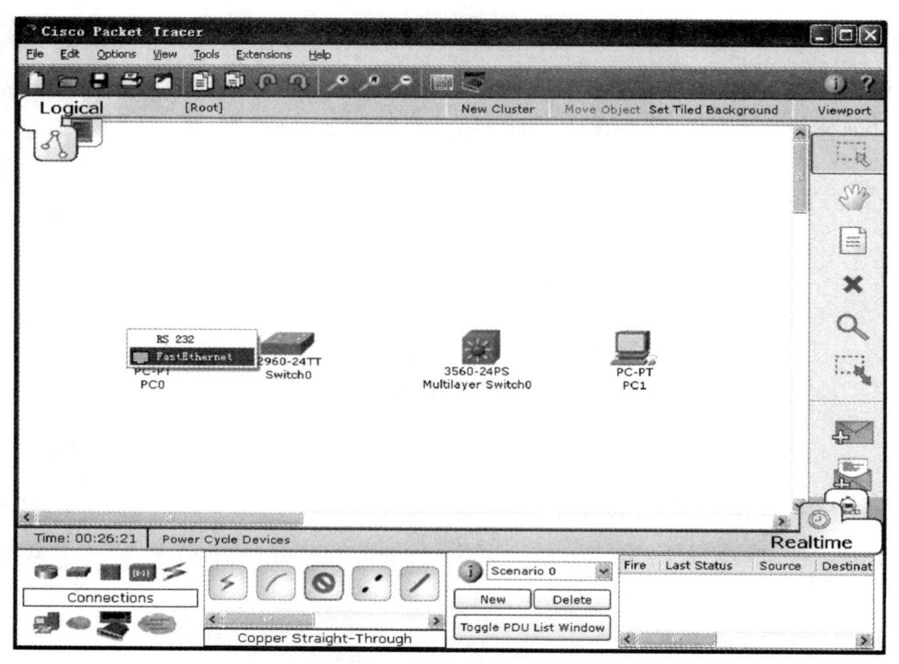

图 3-6 选择计算机接口

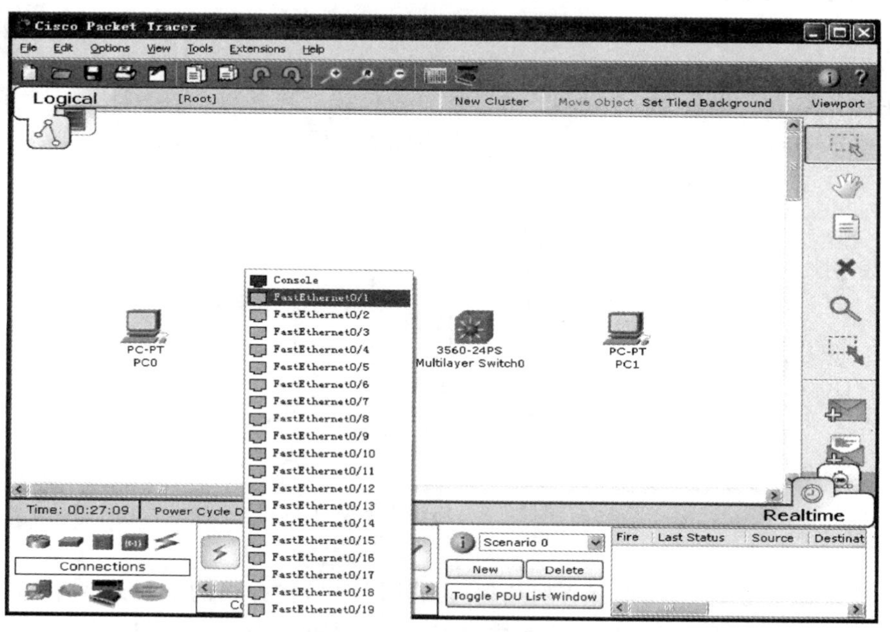

图 3-7 选择交换机接口

(6)按以上方法把其他计算机与交换机全部连接好,结果如图 3-8 所示。

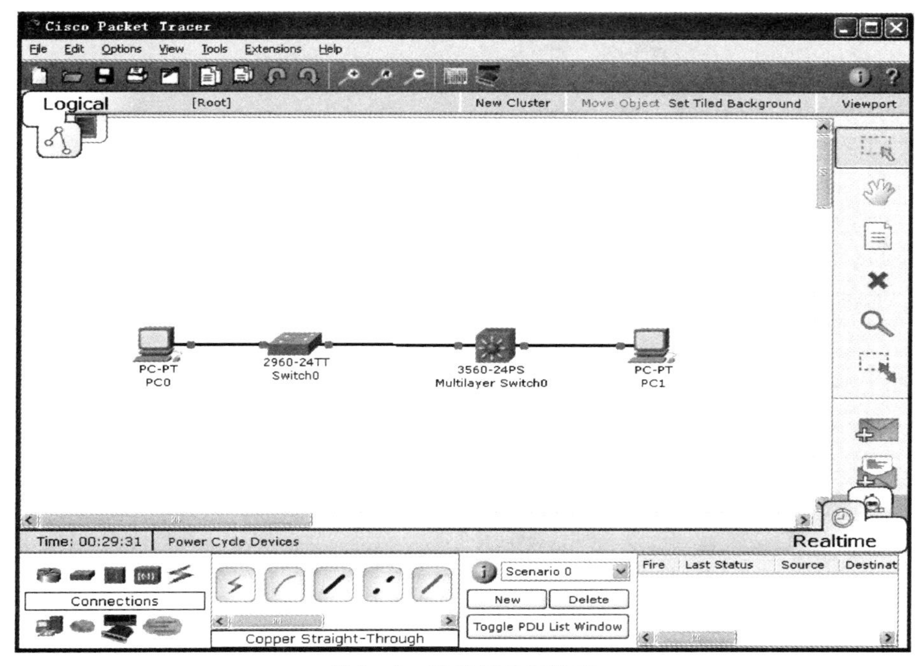

图 3-8　连接好的拓扑图

把鼠标放在拓扑图中的设备上就会显示当前设备的信息,如图 3-9 所示。

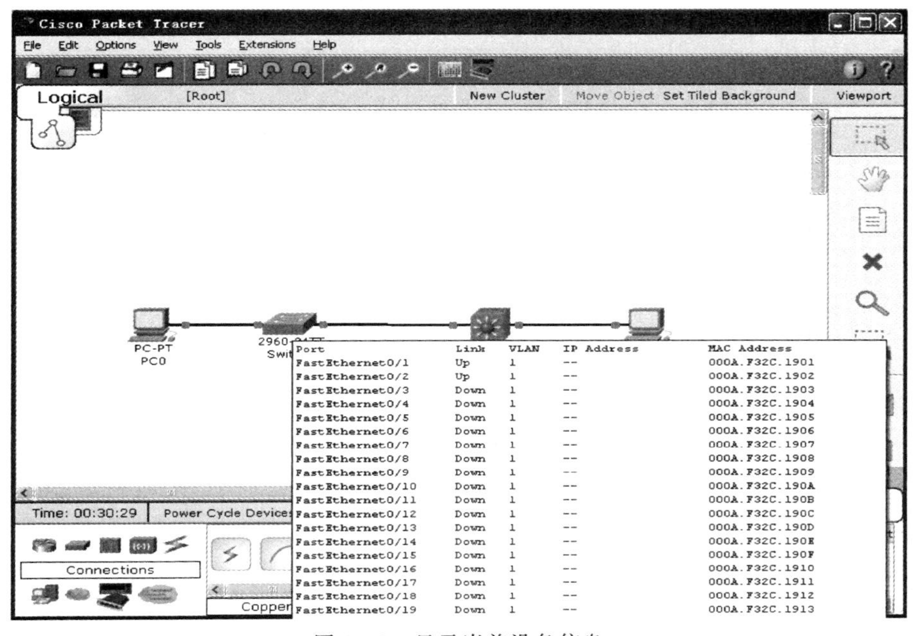

图 3-9　显示当前设备信息

(7)配置计算机：单击拓扑图中任意一台计算机，再单击“Desktop”选项卡，可以进行 IP 地址、命令提示符、拨号等相应配置，如图 3－10 所示。

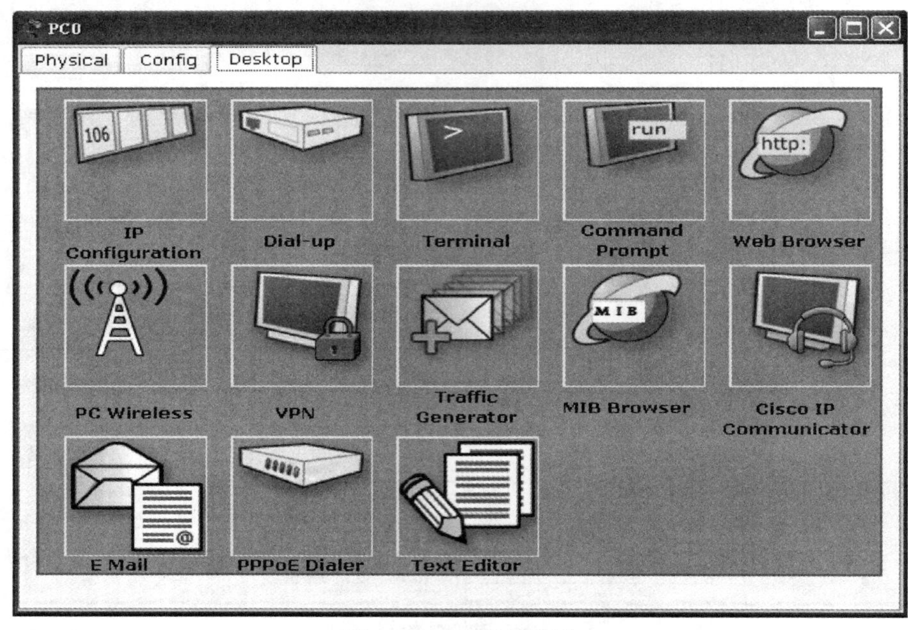

图 3－10　配置计算机

(8)查看交换机：单击拓扑图中任意一台交换机，会出现交换机配置窗口，有 Physical，Config 和 CLI 选项卡，分别如图 3－11～图 3－13 所示。

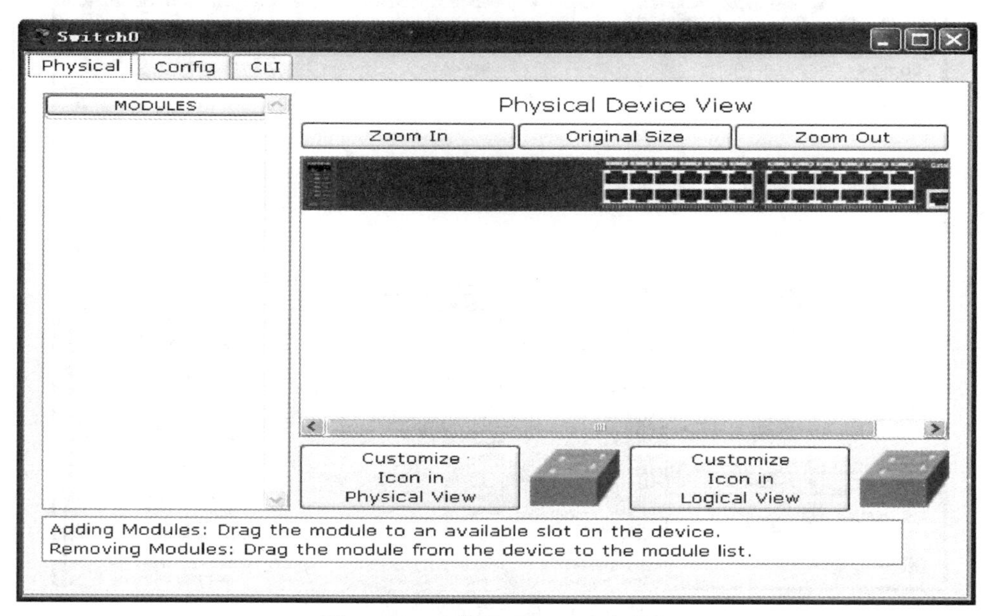

图 3－11　交换机 Physical 选项卡

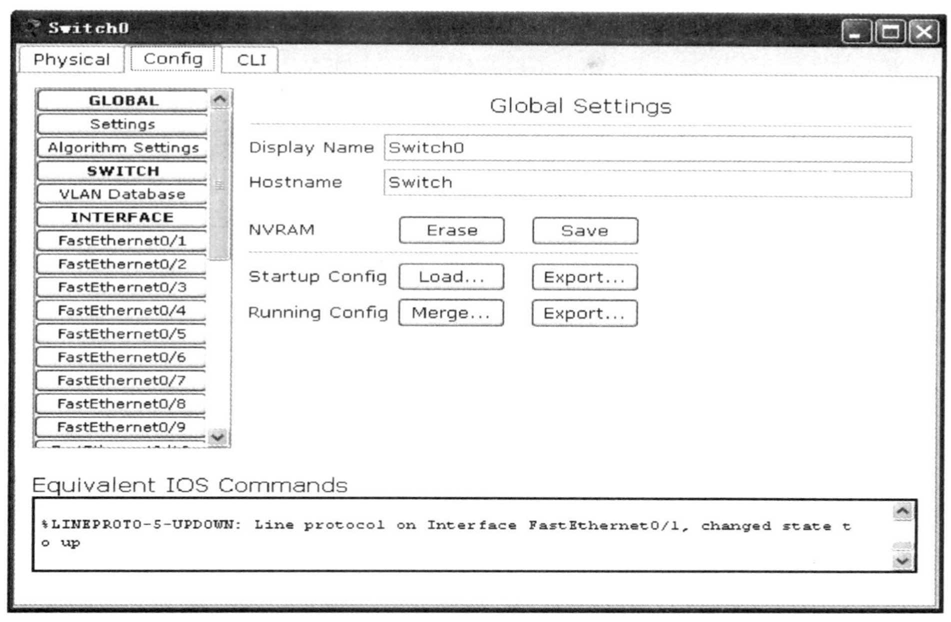

图3-12　交换机Config选项卡

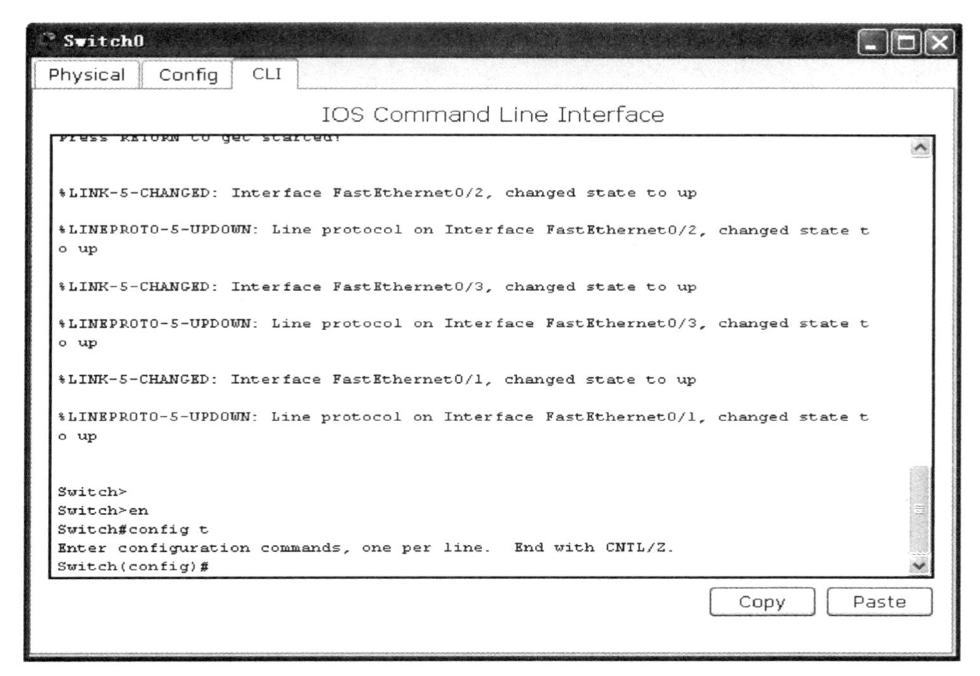

图3-13　交换机CLI选项卡

其中，Physical选项卡用于添加端口模块，但交换机没有这个功能，路由器可以添加端口模块；Config选项卡提供了一个简单配置交换机的图形化界面，但实际设备并没有这个界面；CLI选项卡则是在命令提示行模式下进行交换机配置，这个模式和实际交换机的配置环境近似。

五、实验验证

可以在以上步骤搭建的拓扑图(见图 3-8)中,打开终端电脑的 DOS 界面,尝试在模拟器中的电脑上使用实验一的常用网络命令进行拓扑连通性的验证测试:

(1)ping 命令:使用该命令来测试拓扑图中两端 PC 的连通性,前提是给 PC 都配置了同一网段的 IP,然后进行验证,ping 通则为正确。

(2)ipconfig 命令:使用该命令来显示当前 PC 所有的 TCP/IP 配置值并观察。

(3)arp 命令:使用该命令来进行 PC 端的地址解析过程并观察。

(4)tracert 命令:使用该命令来尝试跟踪路由路径的测试效果。

实验四　交换机基本配置

一、实验目的

(1)理解常用网络指令。
(2)学习使用网络指令解决遇到的问题。
(3)在学习过程中,掌握各种交换机的使用方法。

二、实验要求

在实验三搭建的基本拓扑图(见图 3－8)上,完成交换机常见的一些基本配置。

三、实验工具

建议使用 Cisco Packet Tracer 5.3 及其以上版本的模拟器。

四、实验步骤

(1)交换机配置有多种模式,首先了解并掌握各种模式的功能,如图 4－1 所示。

```
Switch>enable (用户模式)
Switch#config t (特权模式)
Enter configuration commands, one per line.  End with CNTL/Z.
Switch(config)#interface vlan 1(全局配置模式)
Switch(config-if)#exit(端口配置模式)
Switch(config)#line vty 0 15
Switch(config-line)# (访问配置模式)
```

图 4－1　交换机的各种模式

在交换机的各种模式下,用户输入命令不需要全部输入,只需输入前几个字母能够标识该命令即可。且在任何模式下,输入一个“?”即可显示在该模式下的所有命令。如果不会拼写某个命令,可以输入开始的几个字母,在其后紧跟一个“?”,交换机即可显示有什么样的命令预期匹配。如果不知道命令后面的参数是什么,可以在该命令的关键字后加空格,再键入“?”,交换机即会显示对应的参数。若要删除某个配置命令,可在原配置命令前面加一个“no”和空格。

退到上一层模式使用 exit,退到特权模式使用 end。

(2)修改交换机的名称和密码,如图 4－2 所示。

在特权模式下可使用 show startup-config 命令查看交换机配置文件信息,也可使用 show running-config 命令查看当前所有配置信息。保存当前配置用 copy running-config startup-config 命令,若没有保存则重启后配置丢失。

重启交换机用“reload”命令。

注意,以上命令都在特权模式下输入。

```
Switch>
Switch>en
Switch#config t
Enter configuration commands, one per line.  End with CNTL/Z.
Switch(config)#
Switch(config)#
Switch(config)#hostname cisco (名称)
cisco(config)#enable password 123 }(密码的两种方式)
cisco(config)#enable secret 123
cisco(config)#
```

图 4-2 修改交换机的名称和密码

(3)交换机 IP 地址配置,主要是在三层交换机上使用,如图 4-3 所示。

```
Switch>
Switch>en
Switch#config t
Enter configuration commands, one per line.  End with CNTL/Z.
Switch(config)#interface vlan 1
Switch(config-if)#ip address 192.168.1.1 255.255.255.0
Switch(config-if)#no shutdown

Switch(config-if)#
%LINK-5-CHANGED: Interface Vlan1, changed state to up

Switch(config-if)#
```

图 4-3 配置交换机的 IP 地址

五、实验验证

按要求完成步骤(1)即可学会交换机各种模式的进入和退出,可反复尝试。第(2)步完成之后,可使用 end 命令使交换机重启,再重新登录时,便需要使用自己在图 4-2 中新设置的密码(password)“123”才能重新进入交换机的用户模式,同时观察交换机名已变更为“cisco”即为正确。第(3)步在三层交换机上完成后,可在其特权模式下使用 show running-config 命令来查看配置是否正确。

实验五　管理 MAC 地址转发表

一、实验目的

(1)理解常用网络指令。

(2)学习使用网络指令解决遇到的问题。

(3)在学习过程中,掌握交换机的 MAC 地址转发表管理方法。

二、实验要求

搭建一个管理 MAC 地址转发表的实验拓扑,如图 5-1 所示,其中两端 PC 的 IP 信息见表 5-1。在此拓扑图上完成 MAC 地址表的管理。

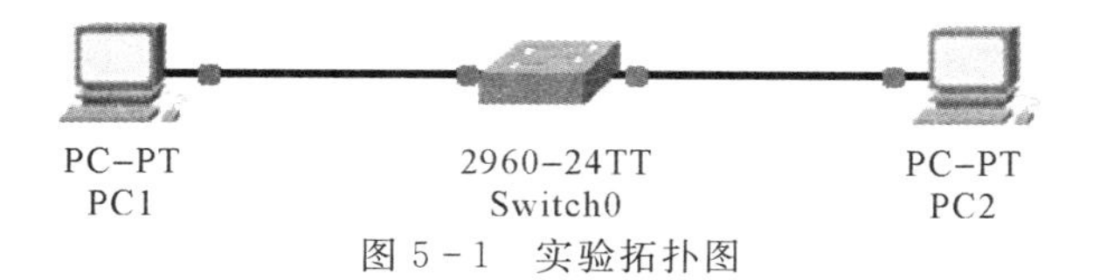

图 5-1　实验拓扑图

表 5-1　拓扑图中 PC 的 IP 信息

名称	相连的接口	IP 地址
PC1	f0/1	192.168.1.1/24
PC2	f0/2	192.168.1.2/24

三、实验工具

建议使用 Cisco Packet Tracer 5.3 及其以上版本的模拟器。

四、实验步骤

(1)在发生任何通信前,首先使用 show 命令查看一下交换机此时的 MAC 地址转发表,结果应为空,如图 5-2 所示。

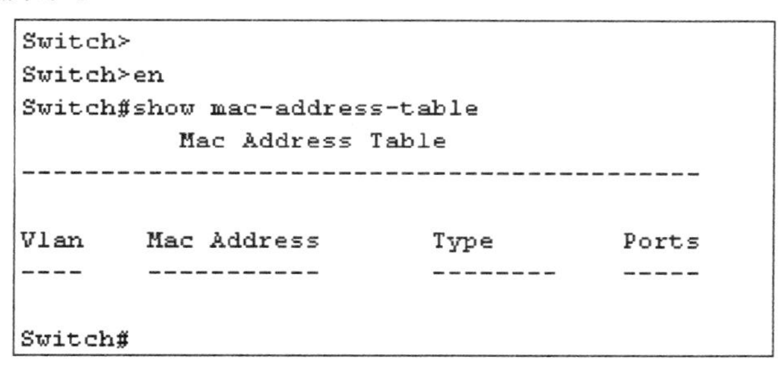

```
Switch>
Switch>en
Switch#show mac-address-table
          Mac Address Table
-------------------------------------------

Vlan    Mac Address       Type        Ports
----    -----------       --------    -----

Switch#
```

图 5-2　查看交换机 MAC 地址转发表

(2)在 PC 的命令提示符下,使用命令 ipconfig /all 命令分别查看每台 PC 网卡的 MAC 地址,如图 5-3、图 5-4 所示。

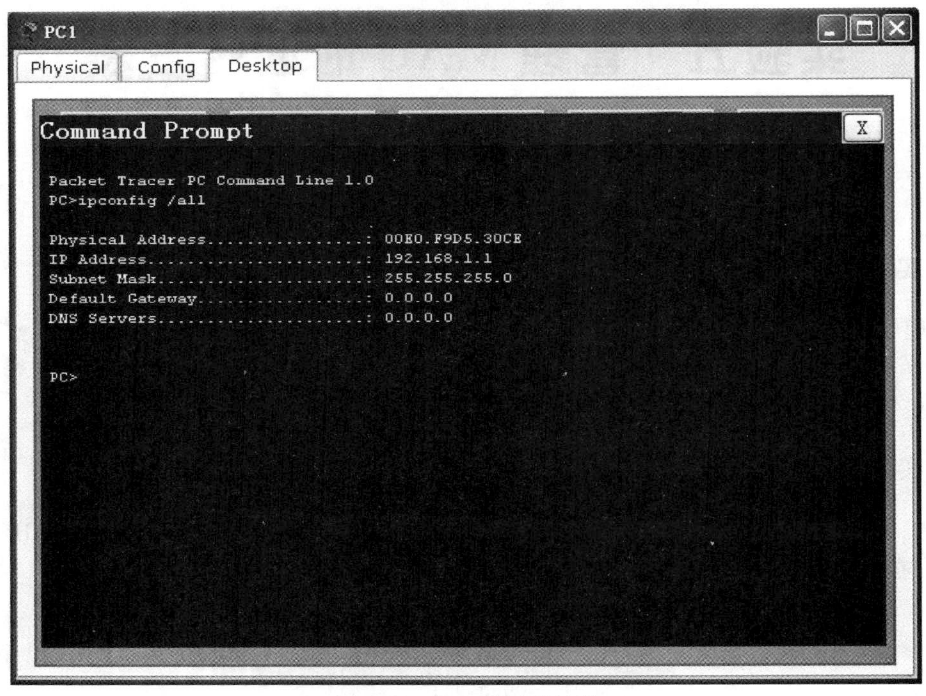

图 5-3　PC1 的显示结果

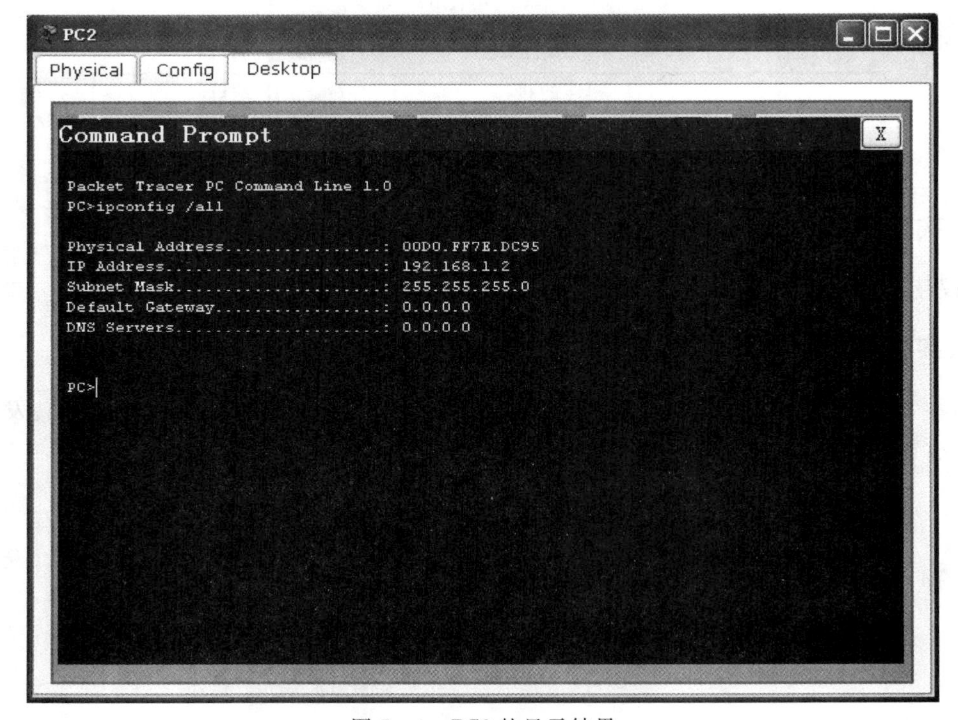

图 5-4　PC2 的显示结果

(3)在 PC2 的命令提示符下用 ping 命令对 PC1 发送信息后,再查看 MAC 地址转发表,结果如图 5-5 所示。

```
Switch>en
Switch#show mac-address-table
          Mac Address Table
-------------------------------------------

Vlan    Mac Address       Type        Ports
----    -----------       --------    -----

   1    00d0.ff7e.dc95    DYNAMIC     Fa0/2
   1    00e0.f9d5.30ce    DYNAMIC     Fa0/1
```

图 5-5　MAC 地址转发表

(4)设置静态 MAC 地址,命令如图 5-6 所示。

```
Switch#config t
Enter configuration commands, one per line.  End with CNTL/Z.
Switch(config)#mac-address-table static 0001.43d1.7559 vlan 1 interface f0/2
Switch(config)#
```

图 5-6　设置静态 MAC 地址

(5)再次查看 MAC 地址转发表,显示信息如图 5-7 所示。

```
Switch#show mac-address-table
          Mac Address Table
-------------------------------------------

Vlan    Mac Address       Type        Ports
----    -----------       --------    -----

   1    0001.43d1.7559    STATIC      Fa0/2
   1    00d0.ff7e.dc95    DYNAMIC     Fa0/2
   1    00e0.f9d5.30ce    DYNAMIC     Fa0/1
Switch#
```

图 5-7　MAC 地址转发表

注意:即使将对应该静态 MAC 地址的设备 PC2 拆除了,目的地址为 0001.43d1.7559 的数据帧依旧会被转发至端口 f0/2。

(6)取消静态 MAC 地址,命令如图 5-8 所示。

```
Switch#
Switch#config t
Enter configuration commands, one per line.  End with CNTL/Z.
Switch(config)#no mac-address-table static 0001.43d1.7559 vlan 1 interface f0/2
Switch(config)#
```

图 5-8　取消静态 MAC 地址

五、实验验证

使用 show mac-address-table 命令进行 MAC 地址表的查看,使用"mac-address-table static 地址 端口号"命令增减静态 MAC 地址。在增减地址后,可以使用 show 命令来验证增减是否正确。

实验六　虚拟局域网 VLAN

一、实验目的

(1)理解常用网络指令。

(2)了解 VLAN 原理,学习并完成 VLAN 的基本设置。

(3)在学习过程中,掌握虚拟局域网的概念以及使用方法。

二、实验要求

按照实验拓扑图连接好相应的设备,然后将交换机 2960 的 f0/1～f0/4 端口依次连接至 PC0～PC3 上,如图 6-1 所示。最后在此拓扑图的基础上,完成 VLAN 分组设置。

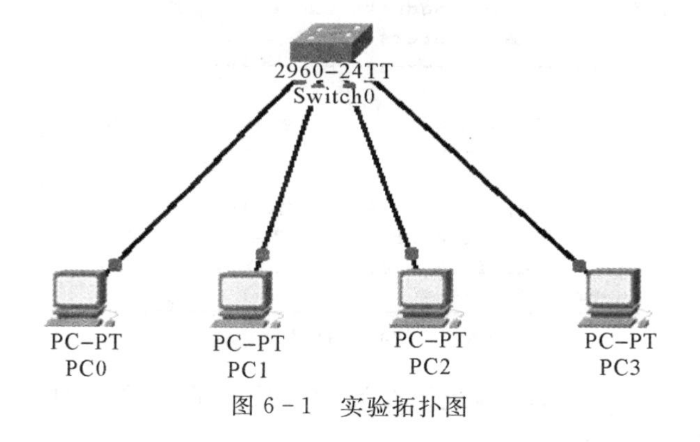

图 6-1　实验拓扑图

三、实验工具

建议使用 Cisco Packet Tracer 5.3 及其以上版本的模拟器。

四、实验步骤

(1)将 PC0～PC3 的 IP 分别配置为 192.168.1.1,192.168.1.2,192.168.1.3,192.168.1.4,见表 6-1。

表 6-1　PC0～PC3 的 IP 地址表

名称	相连的接口	IP 地址
PC0	f0/1	192.168.1.1/24
PC1	f0/2	192.168.1.2/24

续表

名称	相连的接口	IP 地址
PC2	f0/3	192.168.1.3/24
PC3	f0/4	192.168.1.4/24

(2)此时可以使用 ping 命令来测试一下拓扑图内 PC 之间的连通性,观察一下所有 PC 之间连通的结果,例如用 PC1 以外的三台 PC 中的任意一台 ping PC1 的 IP,结果如图 6-2 所示,应该都是互通的。

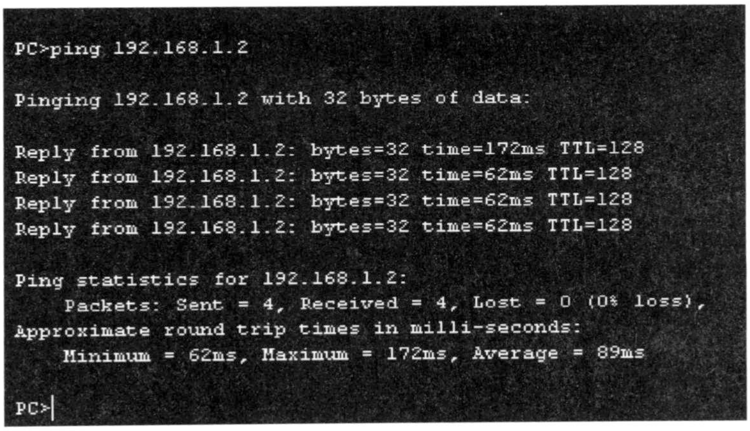

```
PC>ping 192.168.1.2

Pinging 192.168.1.2 with 32 bytes of data:

Reply from 192.168.1.2: bytes=32 time=172ms TTL=128
Reply from 192.168.1.2: bytes=32 time=62ms TTL=128
Reply from 192.168.1.2: bytes=32 time=62ms TTL=128
Reply from 192.168.1.2: bytes=32 time=62ms TTL=128

Ping statistics for 192.168.1.2:
    Packets: Sent = 4, Received = 4, Lost = 0 (0% loss),
Approximate round trip times in milli-seconds:
    Minimum = 62ms, Maximum = 172ms, Average = 89ms

PC>
```

图 6-2　测试与 PC1 的连通性

(3)设置 VLAN:进入交换机配置模式(单击交换机,由 CLI 选项卡进入命令行),然后进行 VLAN 的添加。

```
Switch>enable
Switch#config t
Switch(config)#
Switch(config)#vlan 2
Switch(config-vlan)#exit
Switch(config)#vlan3
Switch(config-vlan)#exit
```

(4)检查交换机中的 VLAN 配置情况,可用如下方法:

```
Switch#show vlan
```

结果如图 6-3 所示。

(5)此时 VLAN 已经设置好,再将端口添加至对应的 VLAN 中,方法如下:

```
Switch(config)#int f0/1
Switch(config-if)#switchport mode access
Switch(config-if)#switchport access vlan 2
Switch(config-if)#exit
Switch(config)#int f0/2
```

```
Switch(config-if)#switchport mode access
Switch(config-if)#switchport access vlan 3
Switch(config-if)#exit
Switch(config)#exit
```

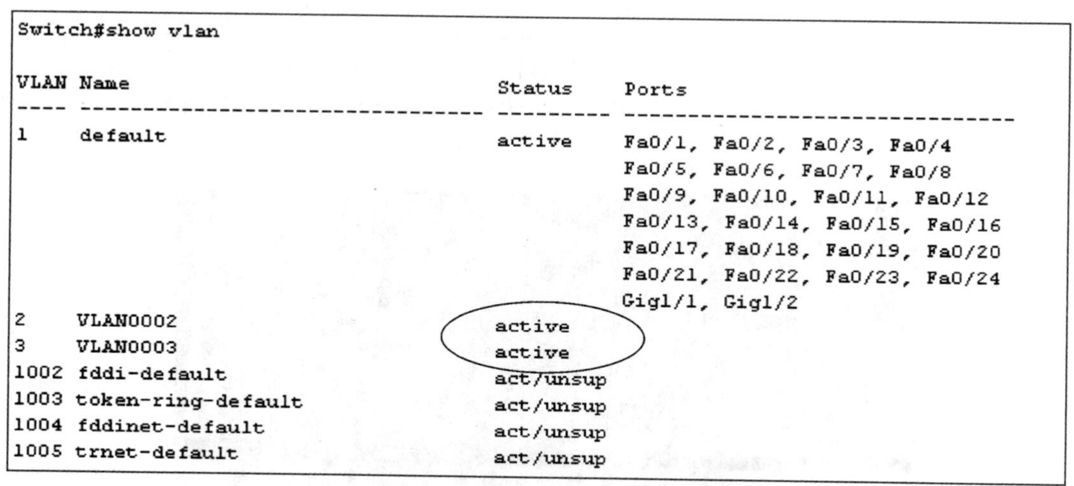

```
Switch#show vlan

VLAN Name                             Status    Ports
---- -------------------------------- --------- -------------------------------
1    default                          active    Fa0/1, Fa0/2, Fa0/3, Fa0/4
                                                Fa0/5, Fa0/6, Fa0/7, Fa0/8
                                                Fa0/9, Fa0/10, Fa0/11, Fa0/12
                                                Fa0/13, Fa0/14, Fa0/15, Fa0/16
                                                Fa0/17, Fa0/18, Fa0/19, Fa0/20
                                                Fa0/21, Fa0/22, Fa0/23, Fa0/24
                                                Gig1/1, Gig1/2
2    VLAN0002                         active
3    VLAN0003                         active
1002 fddi-default                     act/unsup
1003 token-ring-default               act/unsup
1004 fddinet-default                  act/unsup
1005 trnet-default                    act/unsup
```

图 6－3　检查交换机中的 VLAN 配置情况

(6)再次检查一下交换机中的 VLAN 表内容，可以看出，此时表中不但有所添加的 VLAN 组号，且相应的组号中有所添加的端口，如图 6－4 所示。

```
Switch#show vlan

VLAN Name                             Status    Ports
---- -------------------------------- --------- -------------------------------
1    default                          active    Fa0/3, Fa0/4, Fa0/5, Fa0/6
                                                Fa0/7, Fa0/8, Fa0/9, Fa0/10
                                                Fa0/11, Fa0/12, Fa0/13, Fa0/14
                                                Fa0/15, Fa0/16, Fa0/17, Fa0/18
                                                Fa0/19, Fa0/20, Fa0/21, Fa0/22
                                                Fa0/23, Fa0/24, Gig1/1, Gig1/2
2    VLAN0002                         active    Fa0/1
3    VLAN0003                         active    Fa0/2
1002 fddi-default                     act/unsup
1003 token-ring-default               act/unsup
1004 fddinet-default                  act/unsup
1005 trnet-default                    act/unsup
```

图 6－4　检查交换机中的 VLAN 表内容

(7)最后使用 ping 命令来进行验证，测试所有 PC 间的连通性，会发现 PC0 与 PC1，PC0 与 PC2，PC0 与 PC3，PC1 与 PC2，PC1 与 PC3 均不通。例如 PC0 与 PC1 互 ping 的结果如图 6－5 所示，思考一下原因。而只有 PC2 与 PC3 是互通的(见图 6－6)，这又是为什么？

(8)进行实验深化：按照图 6－7 进行拓扑搭建，并利用 VLAN 技术实现 PC1 与 PC3 互通，PC2 与 PC4 互通，其余组合均不通。

```
PC>ping 192.168.1.2

Pinging 192.168.1.2 with 32 bytes of data:

Request timed out.
Request timed out.
Request timed out.
Request timed out.

Ping statistics for 192.168.1.2:
    Packets: Sent = 4, Received = 0, Lost = 4 (100% loss),

PC>
```

图 6-5　PC0 与 PC1 的连通性测试结果

```
PC>ping 192.168.1.4

Pinging 192.168.1.4 with 32 bytes of data:

Reply from 192.168.1.4: bytes=32 time=125ms TTL=128
Reply from 192.168.1.4: bytes=32 time=63ms TTL=128
Reply from 192.168.1.4: bytes=32 time=62ms TTL=128
Reply from 192.168.1.4: bytes=32 time=63ms TTL=128

Ping statistics for 192.168.1.4:
    Packets: Sent = 4, Received = 4, Lost = 0 (0% loss),
Approximate round trip times in milli-seconds:
    Minimum = 62ms, Maximum = 125ms, Average = 78ms

PC>
```

图 6-6　PC2 与 PC3 的连通性测试结果

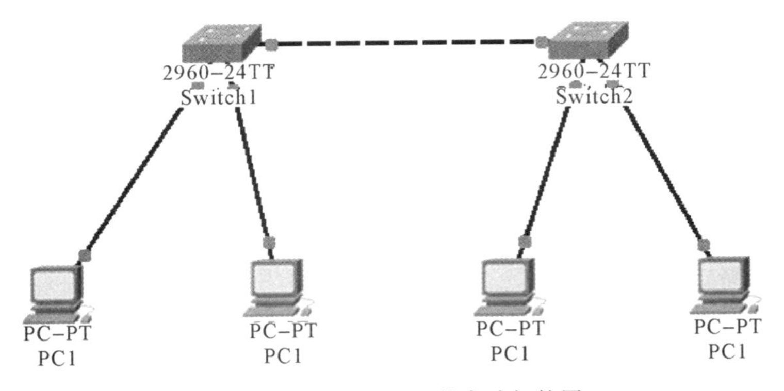

图 6-7　跨机 VLAN 的实验拓扑图

五、实验验证

使用以上方法进行跨机实验后，可使用 VLAN 表首先查看配置是否正确，其次在 PC 间使用 ping 命令来测试连通性，以验证 PC1 与 PC3 互通，PC2 与 PC4 互通，其余 PC 组合均不通。

实验七　三层交换机的配置

一、实验目的

(1)理解常用网络指令。

(2)学习使用网络指令解决遇到的问题。

(3)在学习过程中,掌握三层交换机的配置方法。

二、实验要求

搭建三层交换机配置的实验拓扑图,参数见图 7-1。

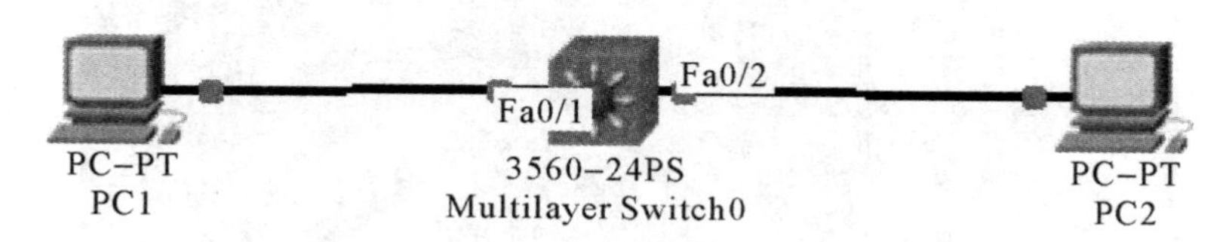

图 7-1　三层交换机配置的实验拓扑图

三、实验工具

建议使用 Cisco Packet Tracer 5.3 及其以上版本的模拟器。

四、实验步骤

交换机的三层交换实际是在具有路由功能的交换机上实现的,一般有两种实现方法:一种是通过 VLAN IP 实现不同 VLAN 间的路由;另一种是通过设置端口三层模式,通过端口 IP,实现不同网络间的路由。

以下分别用这两种方法实现三层交换功能。

方法一:通过 VLAN IP 做网关,实现不同 VLAN 间的路由。

首先将拓扑图中两端 PC 进行 IP 配置,IP 信息见表 7-1。

表 7-1　两端 PC 的配置信息

名称	IP 地址	网关
PC1	192.168.1.1/24	192.168.1.2
PC2	192.168.2.1/24	192.168.2.2

其次在交换机上先建立两个 VLAN，分别为 VLAN2 和 VLAN3。将 f0/1 放入 VLAN2，将 f0/2 放入 VLAN3，再设置 VLAN2 和 VLAN3 的 IP 地址，参考配置如图 7-2 所示。

```
Switch>
Switch>en
Switch#vlan database
% Warning: It is recommended to configure VLAN from config mode,
  as VLAN database mode is being deprecated. Please consult user
  documentation for configuring VTP/VLAN in config mode.

Switch(vlan)#vlan 2
VLAN 2 added:
    Name: VLAN0002
Switch(vlan)#vlan 3
VLAN 3 added:
    Name: VLAN0003
Switch(vlan)#exit
APPLY completed.
Exiting....
Switch#config t
Enter configuration commands, one per line.  End with CNTL/Z.
Switch(config)#int f0/1
Switch(config-if)#switchport mode access
Switch(config-if)#switchport access vlan 2
Switch(config-if)#description connected pc1
Switch(config-if)#int f0/2
Switch(config-if)#switchport mode access
Switch(config-if)#switchport access vlan 3
Switch(config-if)#description connected pc2
Switch(config-if)#exit
Switch(config)#int vlan 2

%LINK-5-CHANGED: Interface Vlan2, changed state to up

%LINEPROTO-5-UPDOWN: Line protocol on Interface Vlan2, changed state to up
Switch(config-if)#ip address 192.168.1.2 255.255.255.0
Switch(config-if)#int vlan 3
Switch(config-if)#
%LINK-5-CHANGED: Interface Vlan3, changed state to up

%LINEPROTO-5-UPDOWN: Line protocol on Interface Vlan3, changed state to up

Switch(config-if)#ip address 192.168.2.2 255.255.255.0
Switch(config-if)#end

%SYS-5-CONFIG_I: Configured from console by console
Switch#
```

图 7-2　通过 VLAN IP 实现不同 VLAN 间的路由

如果 PC1 能 ping 通 PC2，则表示三层交换配置正确。

方法二：通过设置端口的三层工作模式实现不同网络的路由。

端口为三层模式，实际就是通过 no switchport 命令关闭交换机端口的二层功能，再设置端口的 IP 地址。但实际上只有三层交换机具有这一功能。参考配置如图 7-3 所示。

```
Switch>en
Switch#config t
Enter configuration commands, one per line.  End with CNTL/Z.
Switch(config)#int f0/1
Switch(config-if)#no switchport

%LINEPROTO-5-UPDOWN: Line protocol on Interface FastEthernet0/1, changed state t
o down

%LINEPROTO-5-UPDOWN: Line protocol on Interface FastEthernet0/1, changed state t
o up
Switch(config-if)#ip address 192.168.1.2 255.255.255.0
Switch(config-if)#int f0/2
Switch(config-if)#no switchport

%LINEPROTO-5-UPDOWN: Line protocol on Interface FastEthernet0/2, changed state t
o down

%LINEPROTO-5-UPDOWN: Line protocol on Interface FastEthernet0/2, changed state t
o up
Switch(config-if)#ip address 192.168.2.2 255.255.255.0
Switch(config-if)#exit
```

图 7-3 通过端口三层模式实现路由

如果 PC1 能 ping 通 PC2,则表示三层交换配置正确。

五、实验验证

以上三层交换功能配置成功后,即实现了拓扑图中两端 PC 的双向互通。可通过 ping 命令进行测试验证,即 PC1 能 ping 通 PC2,同时 PC2 也能 ping 通 PC1。

实验八　静态路由

一、实验目的

(1)理解路由及路由表的基本概念和原理。

(2)了解静态路由,总结其与直连路由的区别,并能正确使用。

(3)熟练掌握 ip route 命令的使用和意义。

二、实验要求

掌握基本的 IP 配置方法,以及静态路由的基本配置。

(1)根据图 8-1 所示的拓扑图,划分 3 个网段,要求配置静态路由后达到所有 PC 间能互通的要求。

(2)复习 ping 命令和 trace 命令的原理和使用。

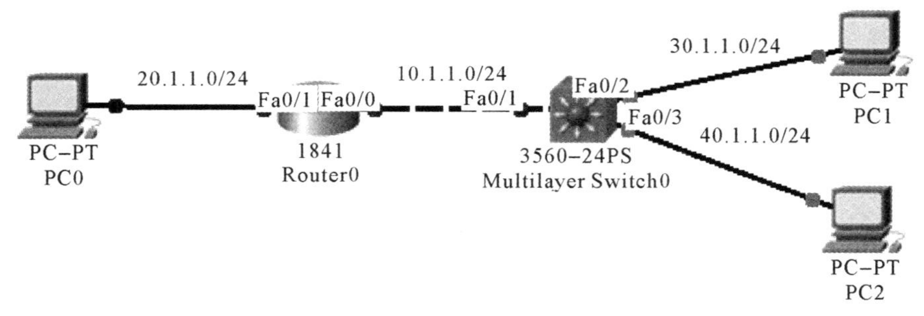

图 8-1　实验拓扑

三、实验工具

建议使用 Cisco Packet Tracer 5.3 及其以上版本的模拟器。

四、实验步骤

(1)进行 IP 分配,各端口信息见表 8-1,也可根据拓扑图上网段的要求自行设计。

表 8-1　各端口 IP 地址表

名称	接口	IP	网关
Router0	f0/0	10.1.1.1/24	
	f0/1	20.1.1.1/24	

续表

名称	接口	IP	网关
Switch0	f0/1	10.1.1.2/24	
	f0/2	30.1.1.1/24	
	f0/3	40.1.1.1/24	
PC0		20.1.1.2/24	20.1.1.1
PC1		30.1.1.2/24	30.1.1.1
PC2		40.1.1.2/24	40.1.1.1

(2)PC 的 IP 设置可单击 PC,则出现其配置界面,在桌面菜单下选择配置 IP。以 PC0 的配置为例,如图 8-2 所示。

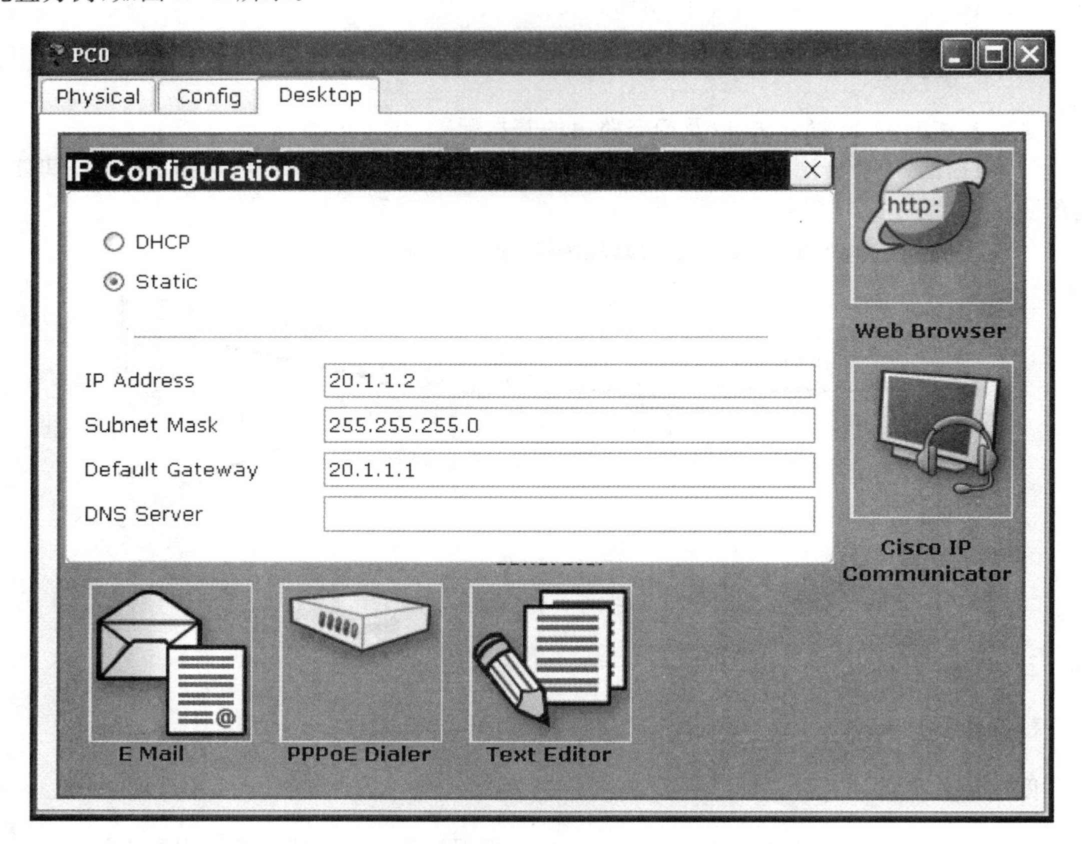

图 8-2 PC IP 配置

(3)路由器 IP 设置可单击路由器,出现其配置界面后进入命令行选项卡,具体配置如图 8-3 所示。

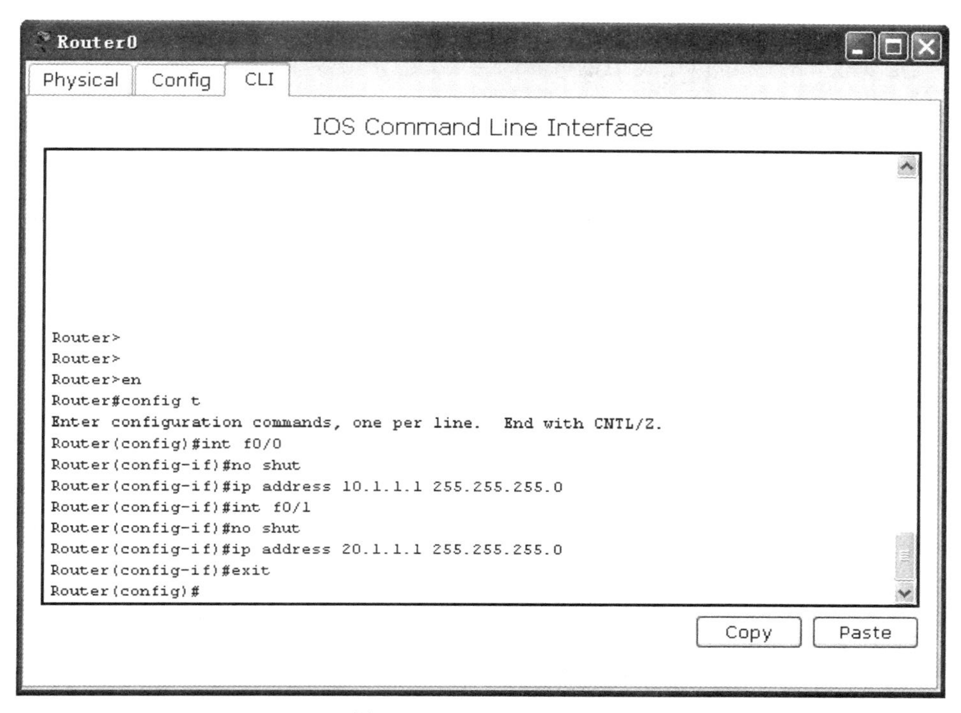

图 8－3　Route0 IP 配置

(4)三层交换机 IP 设置可单击交换机，出现其配置界面后进入命令行选项卡，具体配置如图 8－4 所示。

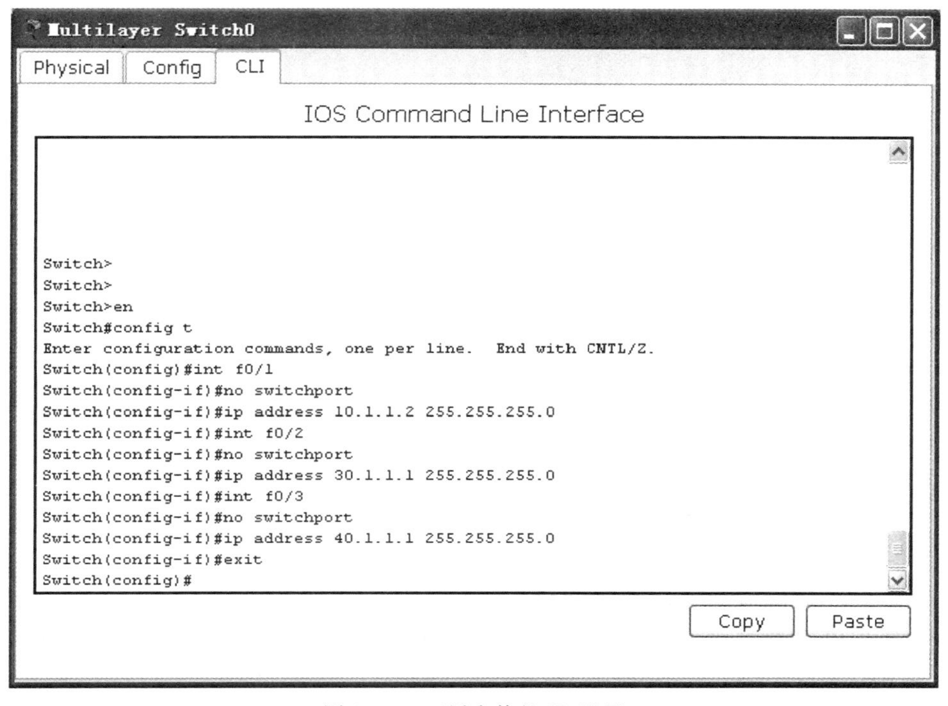

图 8－4　三层交换机 IP 配置

(5)查看以上配置。可将鼠标首先指向路由器,便会出现当前路由器的配置状态,如图 8-5 所示。三层交换机配置可以用类似的方法查看,状态如图 8-6 所示。

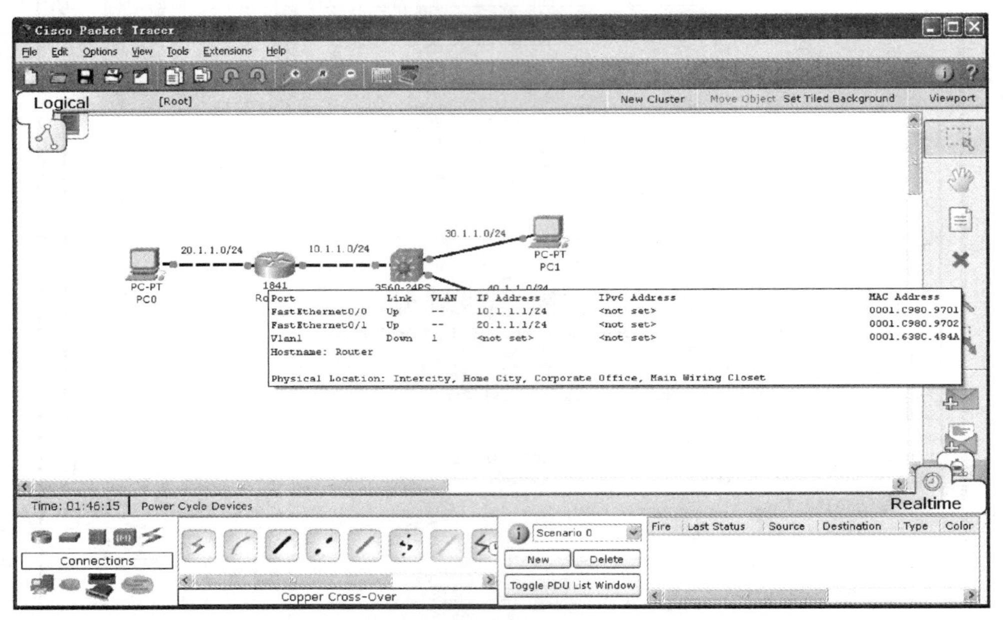

图 8-5 查看 Route0 的配置

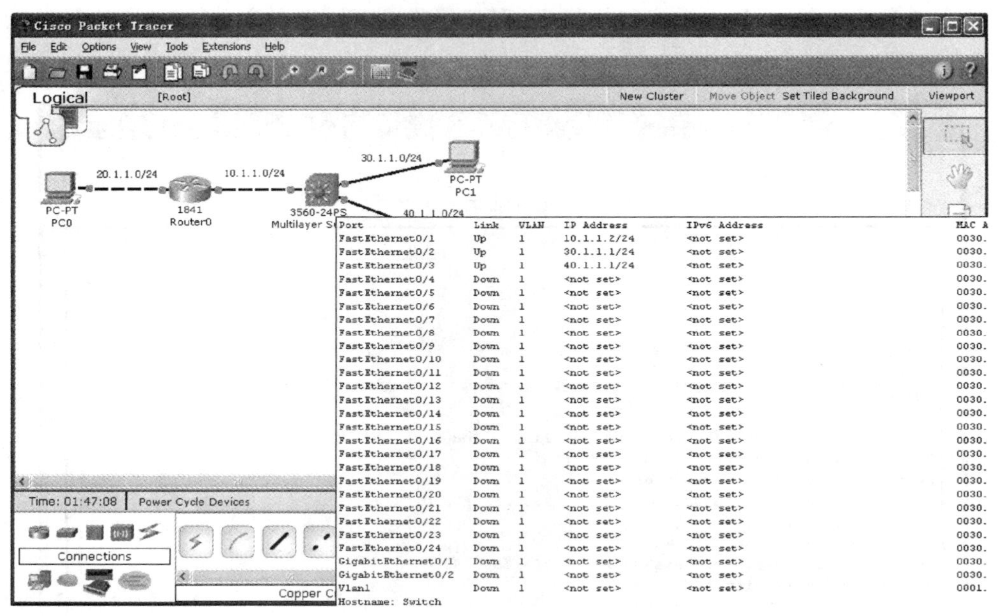

图 8-6 查看三层交换机的配置

所有 IP 配置完毕后,所有连接状态均变为绿色状态,即物理连通。

(6)在主机 PC1 上分别 ping 其他设备以测试通信情况,并思考为什么会产生这样的通信情况。

(7)配置静态路由。

配置 Router0 的命令如图 8-7 所示。

```
Router>
Router>en
Router#config t
Enter configuration commands, one per line.  End with CNTL/Z.
Router(config)#ip route 0.0.0.0 0.0.0.0 10.1.1.2
Router(config)#exit

%SYS-5-CONFIG_I: Configured from console by console
Router#
```

图 8-7　路由器添加静态路由

配置 Multilayer Switcher 的命令如图 8-8 所示。

```
Switch>
Switch>en
Switch#config t
Enter configuration commands, one per line.  End with CNTL/Z.
Switch(config)#ip route 20.1.1.0 255.255.255.0 10.1.1.1
Switch(config)#exit

%SYS-5-CONFIG_I: Configured from console by console
Switch#
```

图 8-8　三层交换机添加静态路由

(8)在主机 PC1 上分别 ping 其他设备以测试通信情况,并思考为什么会产生这样的通信情况。

(9)使用 show 命令查看路由信息。

查看 Router0 的路由信息,如图 8-9 所示。

```
Router#show ip route
Codes: C - connected, S - static, I - IGRP, R - RIP, M - mobile, B - BGP
       D - EIGRP, EX - EIGRP external, O - OSPF, IA - OSPF inter area
       N1 - OSPF NSSA external type 1, N2 - OSPF NSSA external type 2
       E1 - OSPF external type 1, E2 - OSPF external type 2, E - EGP
       i - IS-IS, L1 - IS-IS level-1, L2 - IS-IS level-2, ia - IS-IS inter area
       * - candidate default, U - per-user static route, o - ODR
       P - periodic downloaded static route

Gateway of last resort is 10.1.1.2 to network 0.0.0.0

     10.0.0.0/24 is subnetted, 1 subnets
C       10.1.1.0 is directly connected, FastEthernet0/0
     20.0.0.0/24 is subnetted, 1 subnets
C       20.1.1.0 is directly connected, FastEthernet0/1
S*   0.0.0.0/0 [1/0] via 10.1.1.2
Router#
```

图 8-9　路由器的路由表

查看 Multilayer Switcher 的路由信息,如图 8-10 所示。

```
Switch#show ip route
Codes: C - connected, S - static, I - IGRP, R - RIP, M - mobile, B - BGP
       D - EIGRP, EX - EIGRP external, O - OSPF, IA - OSPF inter area
       N1 - OSPF NSSA external type 1, N2 - OSPF NSSA external type 2
       E1 - OSPF external type 1, E2 - OSPF external type 2, E - EGP
       i - IS-IS, L1 - IS-IS level-1, L2 - IS-IS level-2, ia - IS-IS inter area
       * - candidate default, U - per-user static route, o - ODR
       P - periodic downloaded static route

Gateway of last resort is not set

     10.0.0.0/24 is subnetted, 1 subnets
C       10.1.1.0 is directly connected, FastEthernet0/1
     20.0.0.0/24 is subnetted, 1 subnets
S       20.1.1.0 [1/0] via 10.1.1.1
     30.0.0.0/24 is subnetted, 1 subnets
C       30.1.1.0 is directly connected, FastEthernet0/2
     40.0.0.0/24 is subnetted, 1 subnets
C       40.1.1.0 is directly connected, FastEthernet0/3
Switch#
```

图 8－10　三层交换机的路由表

(10)在任意一个路由器上使用 trace 命令追踪数据包的走向。

例如在 Router0 上，即可以使用 Router＃trace 40. 1. 1. 2 命令查看数据包到 PC2 所走的路径和所花的时间，如图 8－11 所示。

```
Router#trace 40.1.1.2
Type escape sequence to abort.
Tracing the route to 40.1.1.2

  1   10.1.1.2         31 msec    31 msec    32 msec
  2   40.1.1.2         62 msec    62 msec    62 msec
Router#
```

图 8－11　追踪到达 PC2 的数据包状态

五、实验验证

以上步骤(1)～(9)完成后，即可达到整个拓扑图内所有 PC 互通的效果，可使用 ping 命令来验证 PC 间的连通性。使用步骤(10)的方法，可进行任意路由的追踪，从而可进行网络状态的查验。

实验九　路由距离信息协议 RIP

一、实验目的

(1)理解动态路由协议的基本概念和原理。
(2)掌握基本的 IP 配置方法,以及 RIP 的基本配置。
(3)掌握 ping 命令和 trace 命令的原理和使用。

二、实验要求

掌握基本的 IP 配置方法,以及动态路由 RIP 的基本配置。

(1)根据图 9-1 所示的拓扑图,设计并划分网段,要求配置动态路由 RIP 后达到所有 PC 间能互通的要求。

(2)复习 ping 命令和 trace 命令的原理和使用方法。

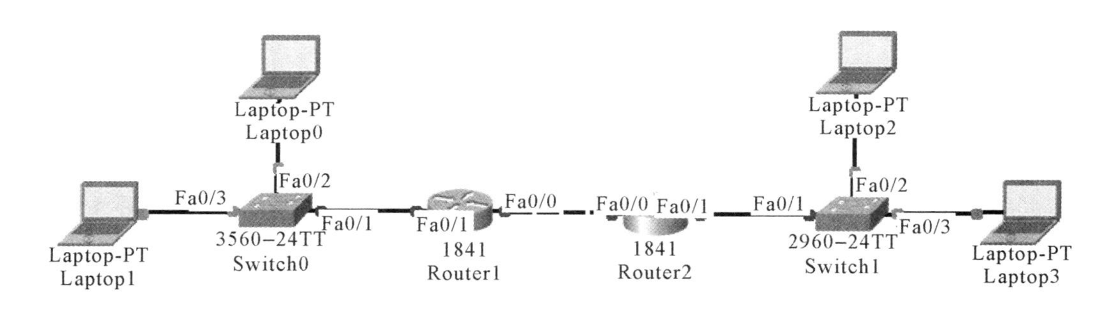

图 9-1　实验拓扑图

三、实验工具

建议使用 Cisco Packet Tracer 5.3 及其以上版本的模拟器。

四、实验步骤

(1)进行 IP 分配,各端口信息见表 9-1,也可根据拓扑图上网段的要求自行设计。

表 9-1　各端口 IP 地址表

名称	接口	IP	网关
Router0	f0/0	192.168.1.1/30	
	f0/1	100.1.1.1/24	

续表

名称	接口	IP	网关
Router1	f0/0	192.168.1.2/30	
	f0/1	200.1.1.1/24	
Laptop0		100.1.1.2/24	100.1.1.1
Laptop1		100.1.1.3/24	100.1.1.1
Laptop2		200.1.1.2/24	200.1.1.1
Laptop3		200.1.1.3/24	200.1.1.1

(2)PC 设置:单击 PC,则出现其配置界面,在桌面菜单下选择配置 IP,具体配置如图 9-2 所示。

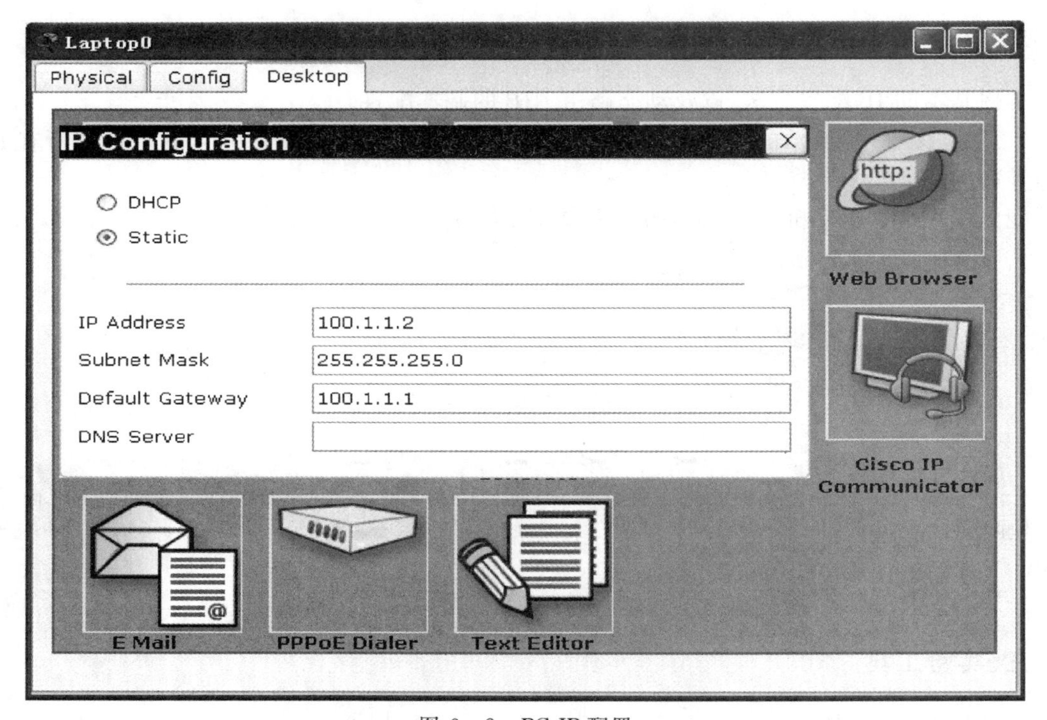

图 9-2　PC IP 配置

(3)设置路由器 IP:单击路由器,出现其配置界面后进入命令行选项卡,具体配置如图 9-3、图 9-4 所示。

(4)查看以上配置:将鼠标指向已配置的路由器,便会出现当前路由器的配置状态,如图 9-5、图 9-6 所示。

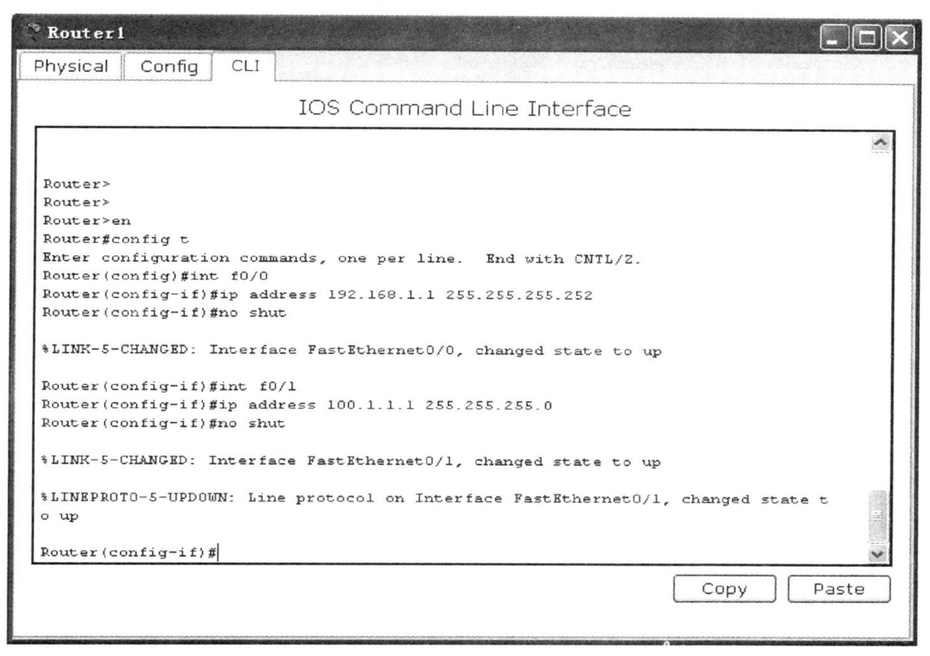

图 9-3　Router1 的 IP 配置

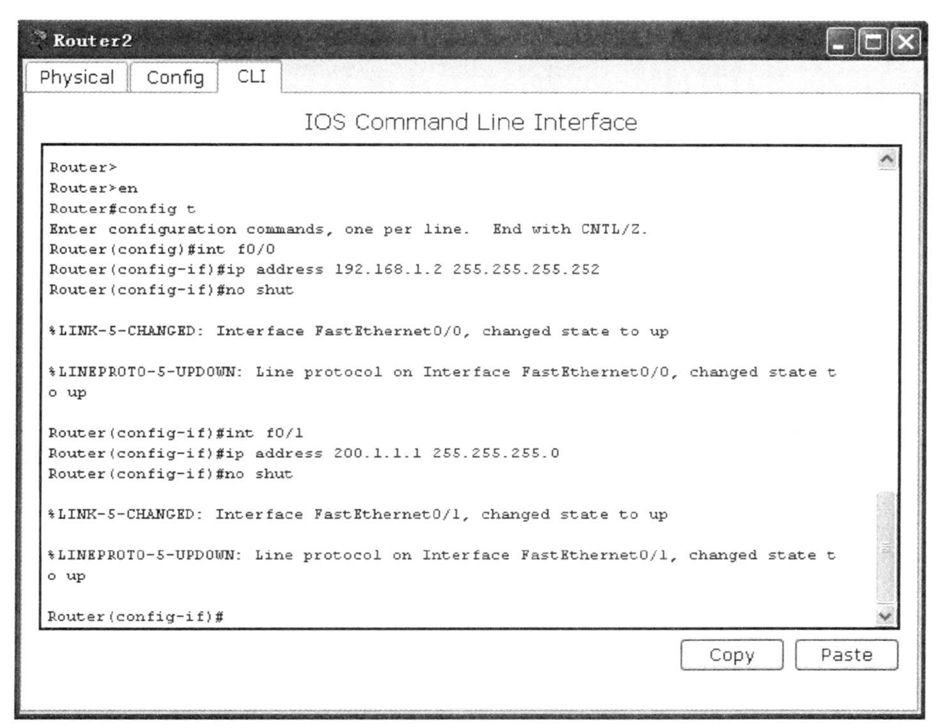

图 9-4　Router2 的 IP 配置

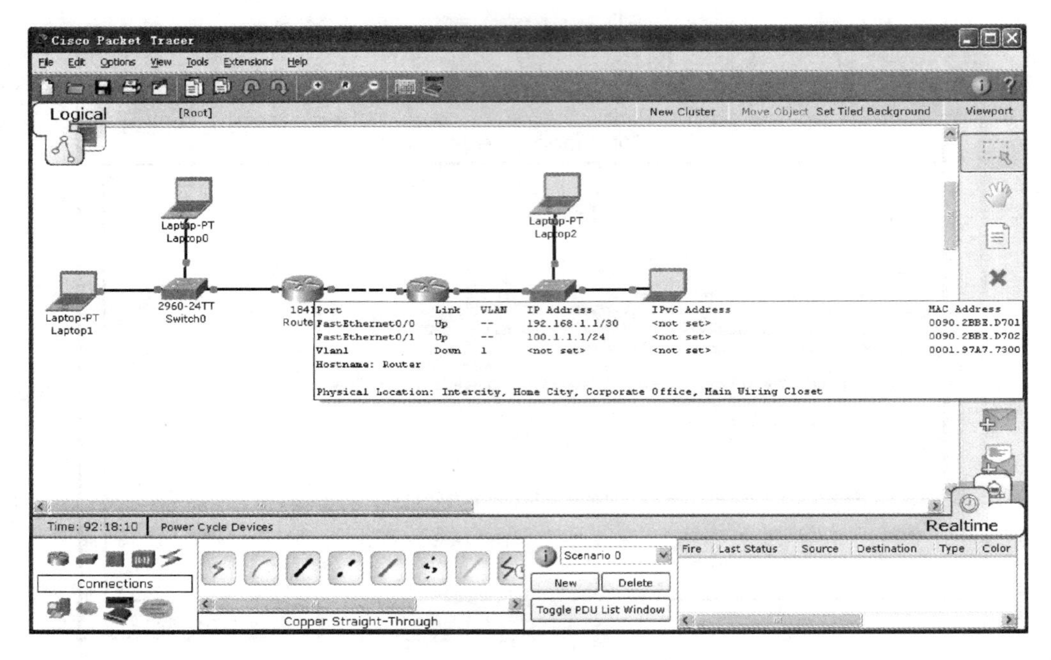

图 9-5　Router1 的配置状态

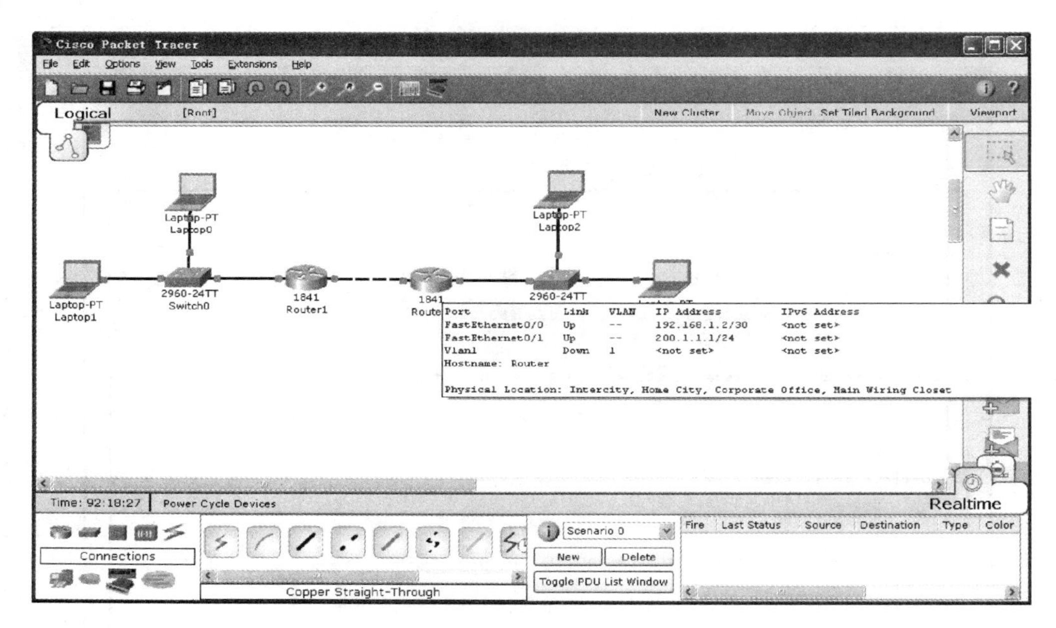

图 9-6　Router2 的配置状态

所有 IP 配置完毕后，所有连接状态均变为绿色状态，即物理连通。

(5)在主机 Laptop0 上分别 ping 其他设备以测试通信情况，并思考为什么会产生这样的通信情况。

(6)配置 RIP 动态路由。

配置 Router1,如图 9-7 所示。

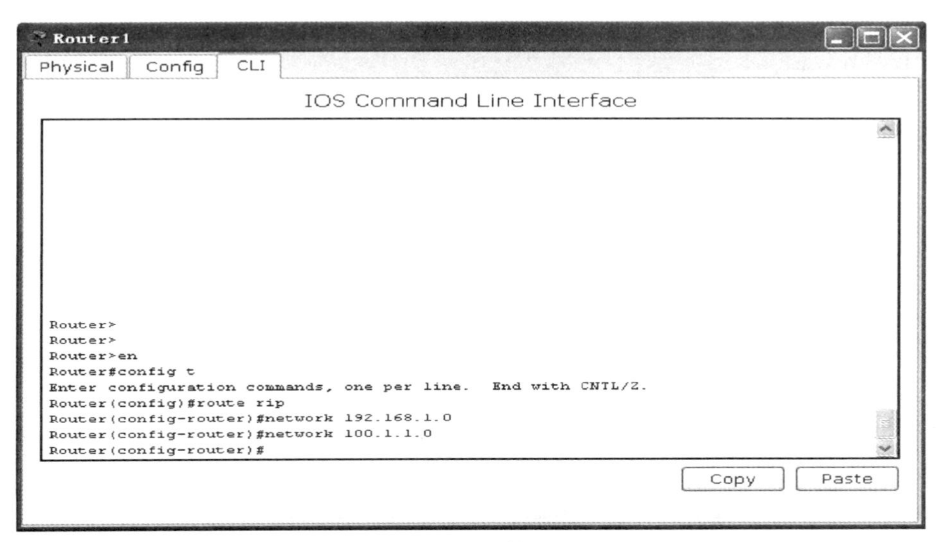

图 9-7　Router1 的 RIP 配置

配置 Router2,如图 9-8 所示。

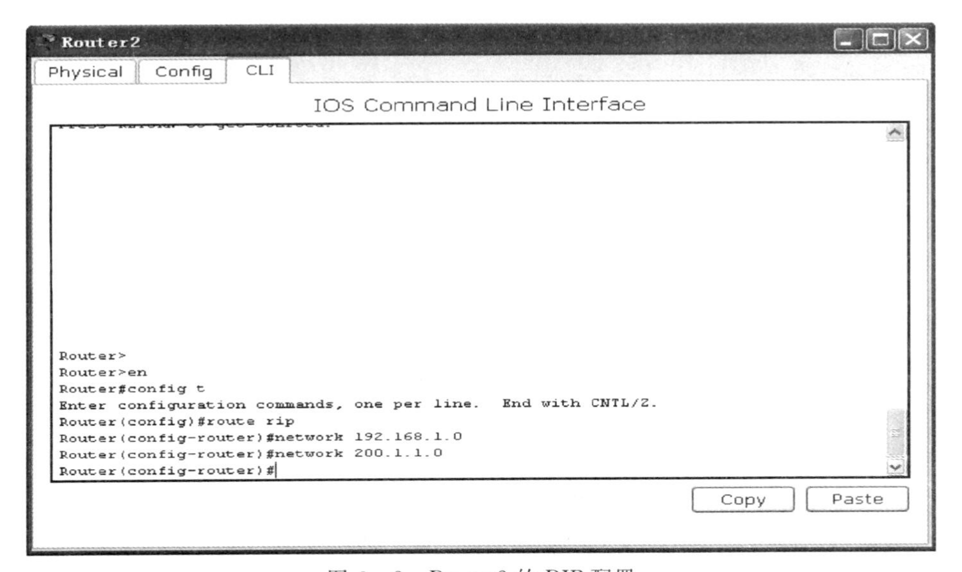

图 9-8　Router2 的 RIP 配置

(7)在主机 Laptop0 上分别 ping 其他设备以测试通信情况,并思考为什么会产生这样的通信情况。

(8)使用 show 命令查看路由信息。

查看 Router1 的路由信息,如图 9-9 所示。

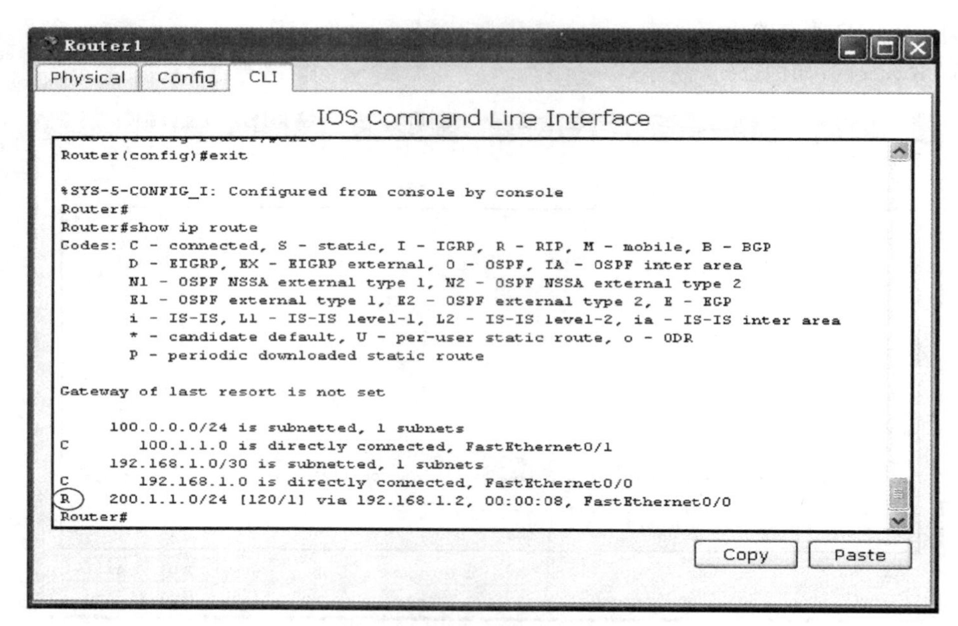

图 9-9　Router1 的路由表

查看 Router2 的路由信息，如图 9-10 所示。

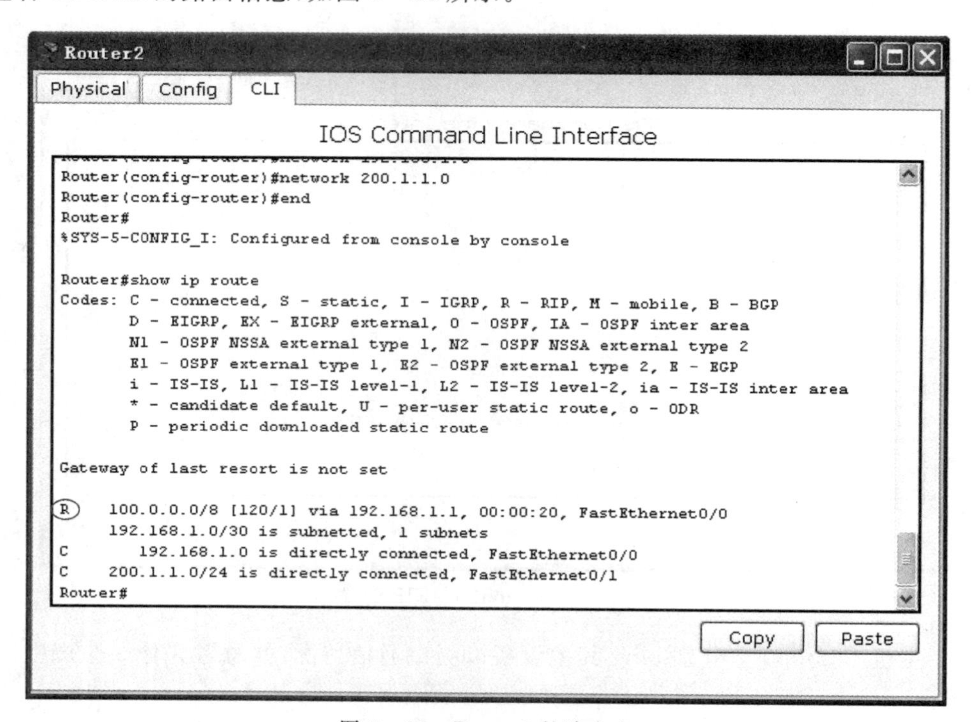

图 9-10　Router2 的路由表

(9)在任意一个路由器上使用 trace 命令追踪数据包的走向。

例如在 Router1 上，即可以使用 Router# trace 200.1.1.3 命令查看数据包到 Laptop3 所走的路径和所花的时间，如图 9-11 所示。

```
Router#trace 200.1.1.3
Type escape sequence to abort.
Tracing the route to 200.1.1.3

  1   192.168.1.2      31 msec    32 msec    31 msec
  2   200.1.1.3        93 msec    64 msec    64 msec
Router#
```

图 9-11　追踪到达 Laptop3 的数据包状态

五、实验验证

以上步骤(1)～(8)完成后，即可达到整个拓扑图内所有 PC 互通的效果，可使用 ping 命令来验证 PC 间的连通性。使用步骤(9)的方法，可进行任意路由的追踪，从而可进行网络状态的查验。

实验十 开放最短路径优先协议 OSPF

一、实验目的

(1)理解 OSPF 协议的基本工作过程。

(2)掌握 OSPF 协议的基本配置过程。

(3)掌握 ping 命令和 trace 命令的原理和使用方法。

二、实验要求

掌握基本的 IP 配置方法,以及 OSPF 动态路由的基本配置。

(1)根据图 10-1 所示的拓扑图,设计并划分网段,要求配置 OSPF 动态路由后达到所有 PC 间能互通的要求。

(2)复习 ping 命令和 trace 命令的原理和使用。

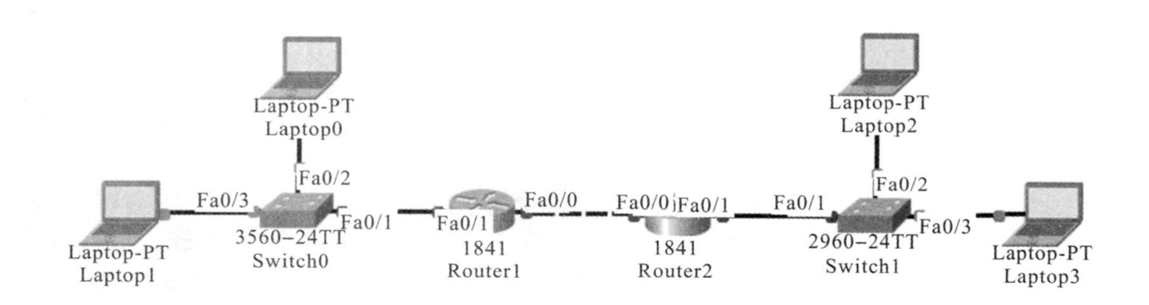

图 10-1 实验拓扑图

三、实验工具

建议使用 Cisco Packet Tracer 5.3 及其以上版本的模拟器。

四、实验步骤

(1)进行 IP 分配,各端口信息见表 10-1,也可根据拓扑图上网段的要求自行设计。

表 10－1　各端口 IP 地址表

名称	接口	IP	网关
Router0	f0/0	192.168.1.1/30	
	f0/1	100.1.1.1/24	
Router1	f0/0	192.168.1.2/30	
	f0/1	200.1.1.1/24	
Laptop0		100.1.1.2/24	100.1.1.1
Laptop1		100.1.1.3/24	100.1.1.1
Laptop2		200.1.1.2/24	200.1.1.1
Laptop3		200.1.1.3/24	200.1.1.1

(2)PC 设置：单击 PC，则出现其配置界面，在桌面菜单下选择配置 IP，具体配置如图 10－2所示。

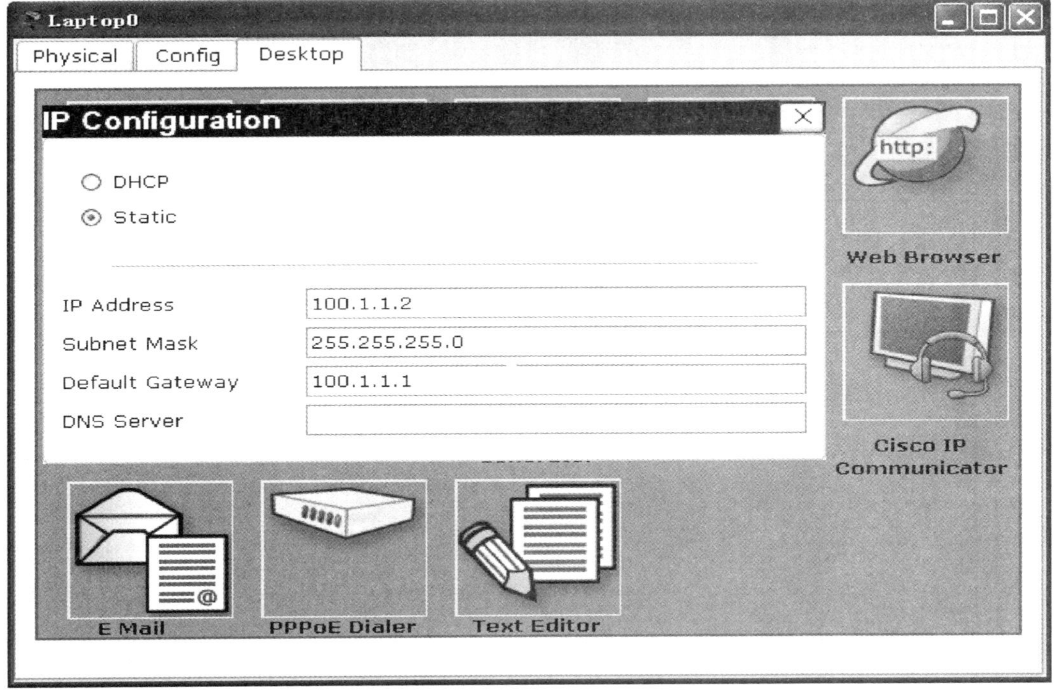

图 10－2　PC IP 配置

(3)设置路由器 IP，可单击路由器，出现其配置界面后进入命令行选项卡，具体配置如图 10－3、图 10－4 所示。

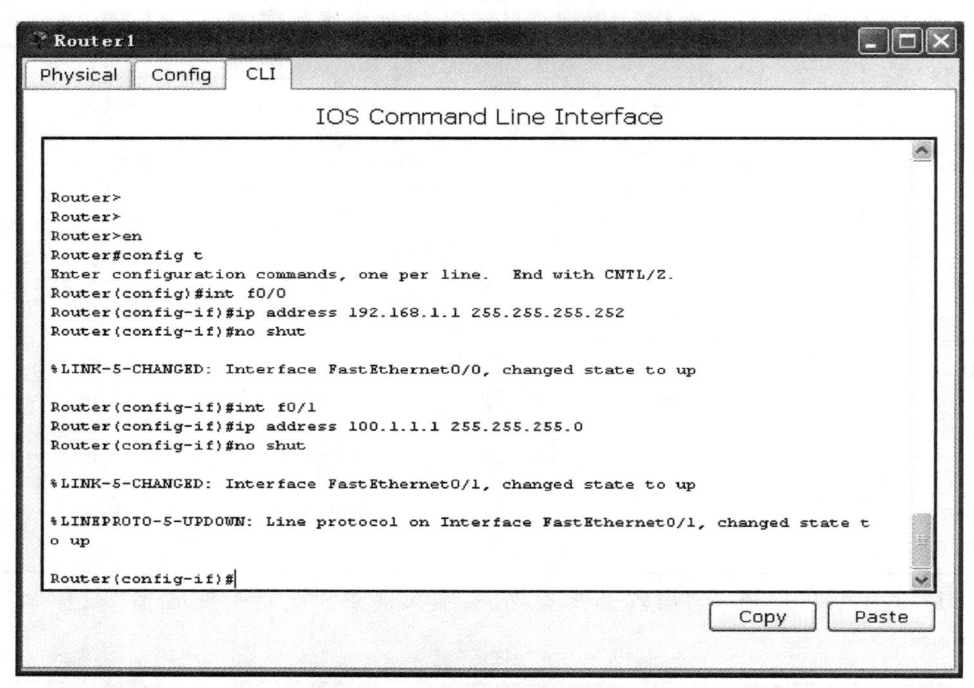

图 10-3　Router1 的 IP 配置

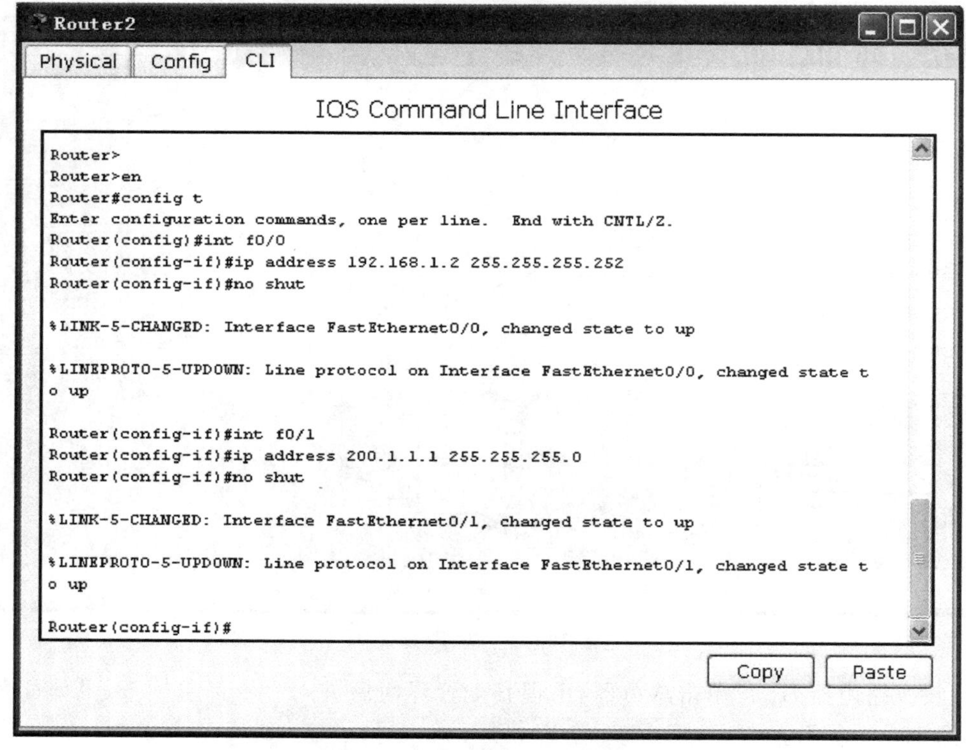

图 10-4　Router2 的 IP 配置

(4)查看以上配置,将鼠标指向已配置的路由器,便会出现当前路由器的配置状态,如图 10－5、图 10－6 所示。

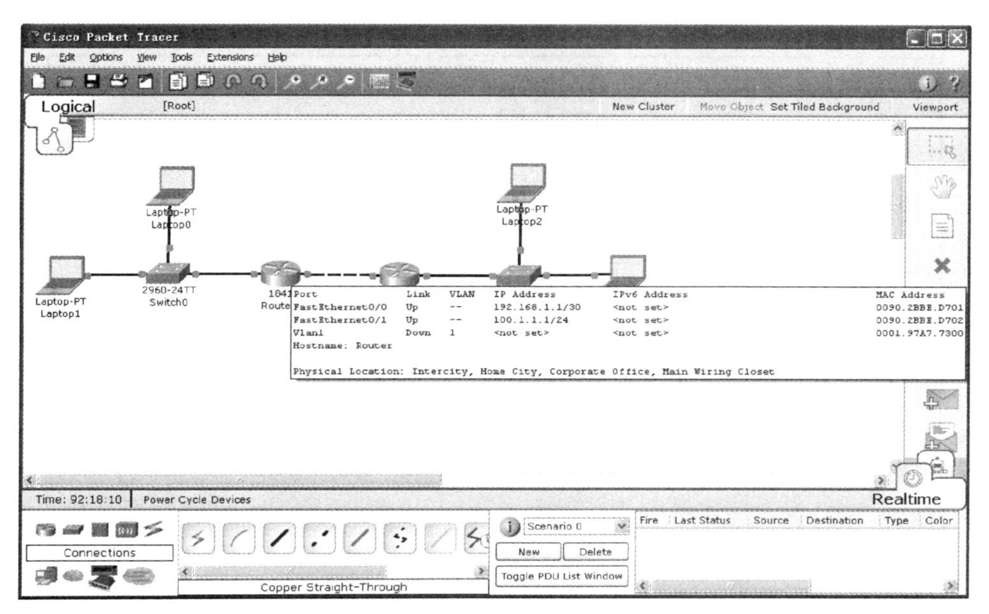

图 10－5　Router1 的配置状态

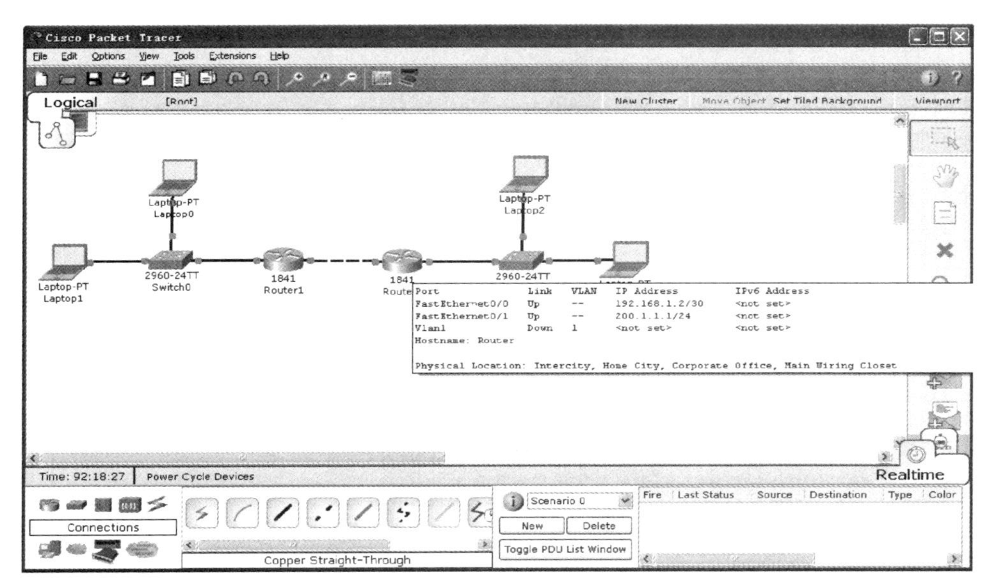

图 10－6　Router2 的配置状态

所有 IP 配置完毕后,所有连接状态均变为绿色状态,即物理连通。

(5)在主机 Laptop0 上分别 ping 其他设备以测试通信情况,并思考为什么会产生这样的通信情况。

(6)配置 OSPF 动态路由。

配置 Router1,如图 10－7 所示。

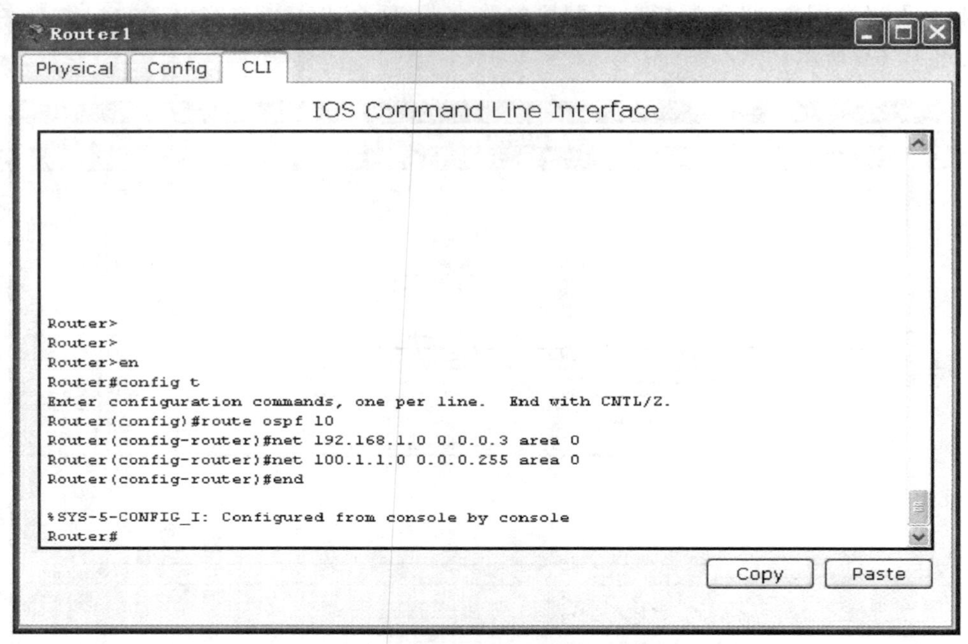

图 10－7　Router1 的 OSPF 配置

配置 Router2，如图 10－8 所示。

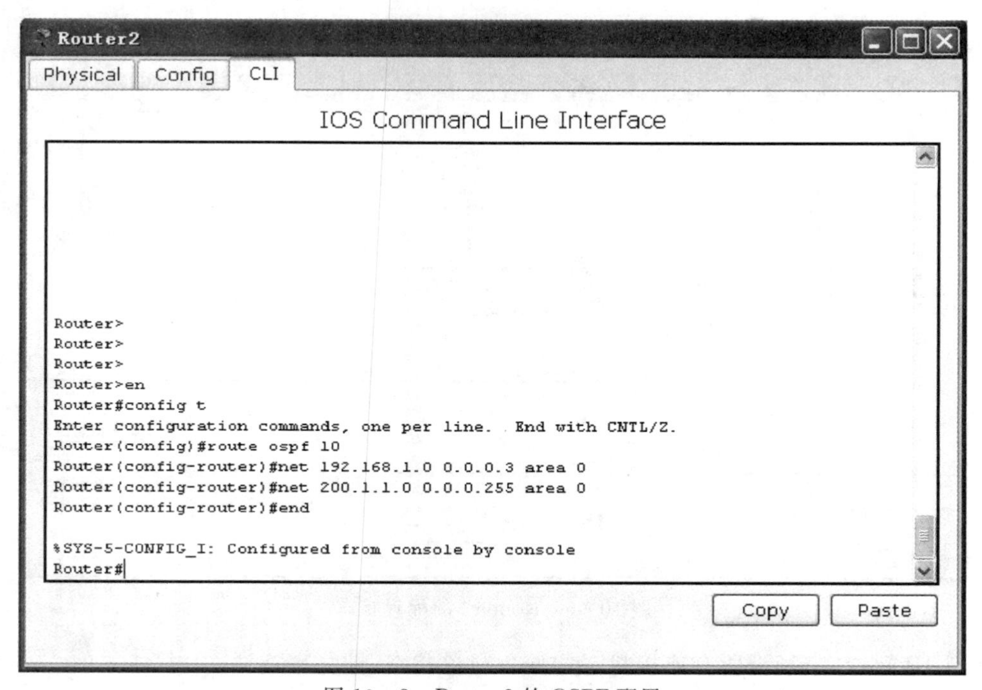

图 10－8　Router2 的 OSPF 配置

(7)在主机 Laptop0 上分别 ping 其他设备以测试通信情况，并思考为什么会产生这样的通信情况。

(8)使用 show 命令查看路由信息。

查看 Router1 的路由信息，如图 10－9 所示。

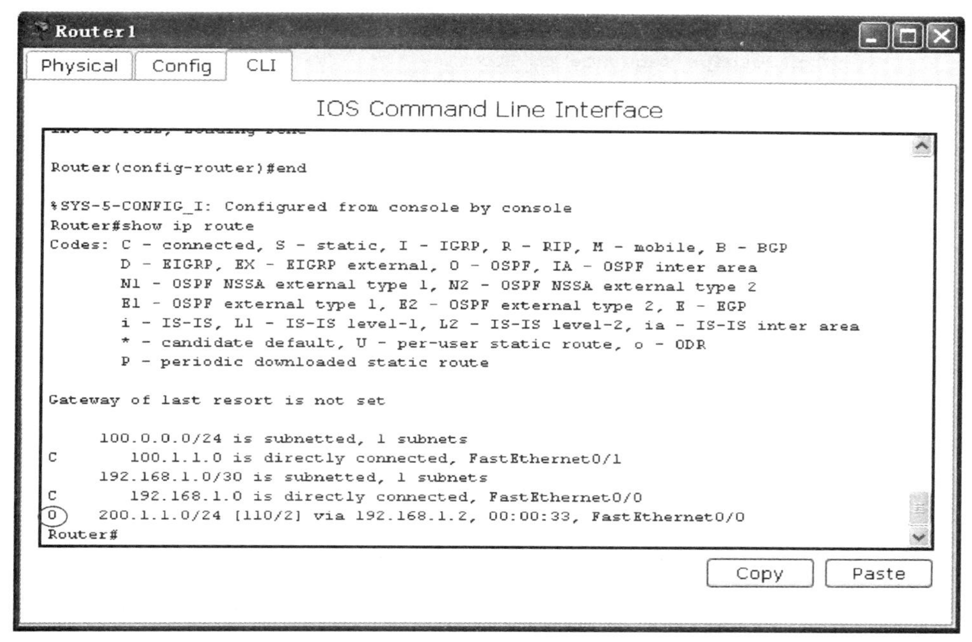

图 10－9 Router1 的路由表

查看 Router2 的路由信息，如图 10－10 所示。

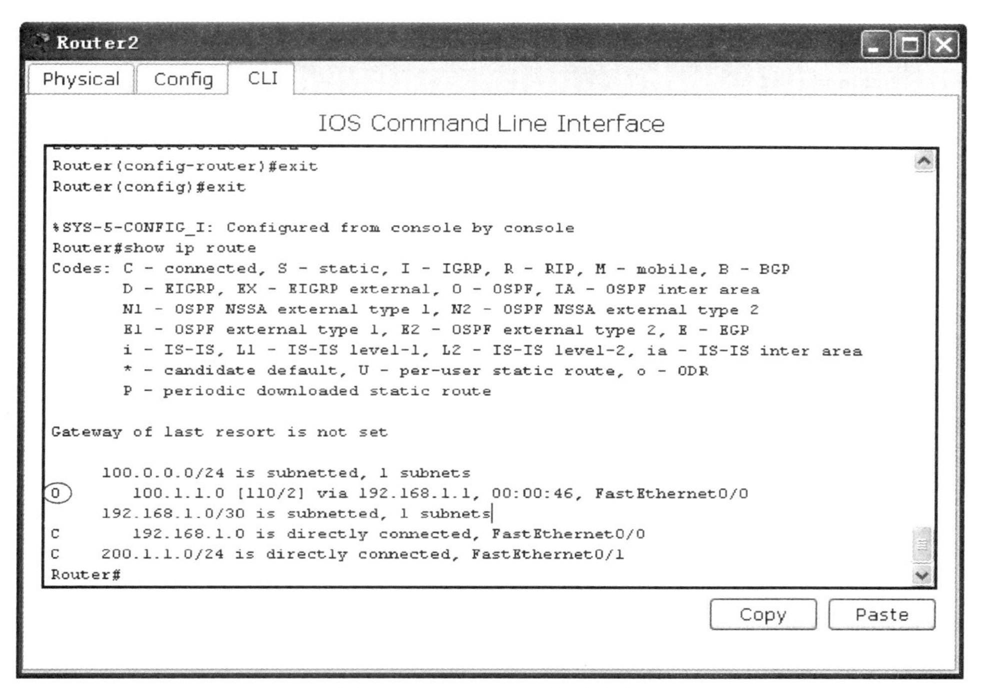

图 10－10 Router2 的路由表

(9)在任意一个路由器上使用 trace 命令追踪数据包的走向。

例如在 Router1 上，即可以使用 Router＃trace 200.1.1.3 命令查看数据包到 Laptop3 所

走的路径和所花的时间，如图 10－11 所示。

```
Router#trace 200.1.1.3
Type escape sequence to abort.
Tracing the route to 200.1.1.3

  1    192.168.1.2      31 msec    32 msec    31 msec
  2    200.1.1.3        93 msec    64 msec    64 msec
Router#
```

图 10－11　追踪到达 Laptop3 的数据包状态

五、实验验证

以上步骤(1)～(8)完成后，即可达到整个拓扑图内所有 PC 互通的效果，可使用 ping 命令来验证 PC 间的连通性。使用步骤(9)的方法，可进行任意路由的追踪，从而可进行网络状态的查验。

附加实验：访问控制列表(ACL)

ACL 能正常工作的前提是所有主机均能 ping 通，即以上路由功能正确。

根据图 10－1 的拓扑结构，已划分了两个网段，现在要求禁止主机 Laptop3 访问 100.1.1.0/24 网段。

实验步骤：在 OSPF 实验的基础上，在 Router2 上配置标准访问控制列表，如图 10－12 所示。

```
Router>en
Router#conf t
Enter configuration commands, one per line.  End with CNTL/Z.
Router(config)#access-list 1 deny 200.1.1.3 0.0.0.0
Router(config)#access-list 1 permit any
Router(config)#int f0/0
Router(config-if)#ip access-group 1 out
Router(config-if)#end
```

图 10－12　Router2 的 ACL 配置

查看配置，如图 10－13 所示。

```
Router#show access-list 1
Standard IP access list 1
    deny host 200.1.1.3
    permit any
```

图 10－13　Router2 的 ACL 列表

验证测试：用 Laptop3 去 ping 100.1.1.0/24 网段，如果 Laptop3 不能通，而其他主机均可以通，则实验成功。

实验十一　访问控制列表 ACL

一、实验目的

(1)了解 ACL 的基本工作原理。
(2)学习 ACL 的配置过程。
(3)在学习过程中,掌握标准 ACL 的配置以及使用方法。

二、实验要求

本实验的拓扑图如图 11－1 所示,实验要求为:只允许 PC1 通过 telnet 方式登录 3 台路由器,且只允许 PC1 所在的网段访问 PC3 所在网段的任务。

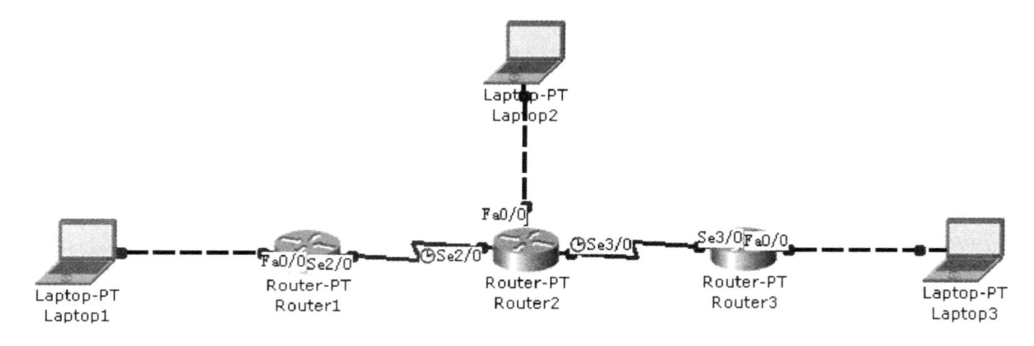

图 11－1　实验拓扑图

三、实验工具

建议使用 Cisco Packet Tracer 5.3 及其以上版本的模拟器。

四、实验步骤

(1)进行 IP 分配,各端口信息见表 11－1,也可根据拓扑图上网段的要求自行设计。

表 11－1　各端口 IP 地址表

名称	接口	IP	网关
Router1	f0/0	192.168.1.1/24	
	s2/0	200.100.100.1/30	

续表

名称	接口	IP	网关
Router2	f0/0	192.168.2.1/24	
	s2/0	200.100.100.2/30	
	s3/0	200.100.100.5/30	
Router3	f0/0	192.168.3.1/24	
	s3/0	200.100.100.6/30	
Laptop1		192.168.1.2/24	192.168.1.1
Laptop2		192.168.2.2/24	192.168.2.1
Laptop3		192.168.3.2/24	192.168.3.1

(2)进行 Router1 的配置,如图 11-2 所示。

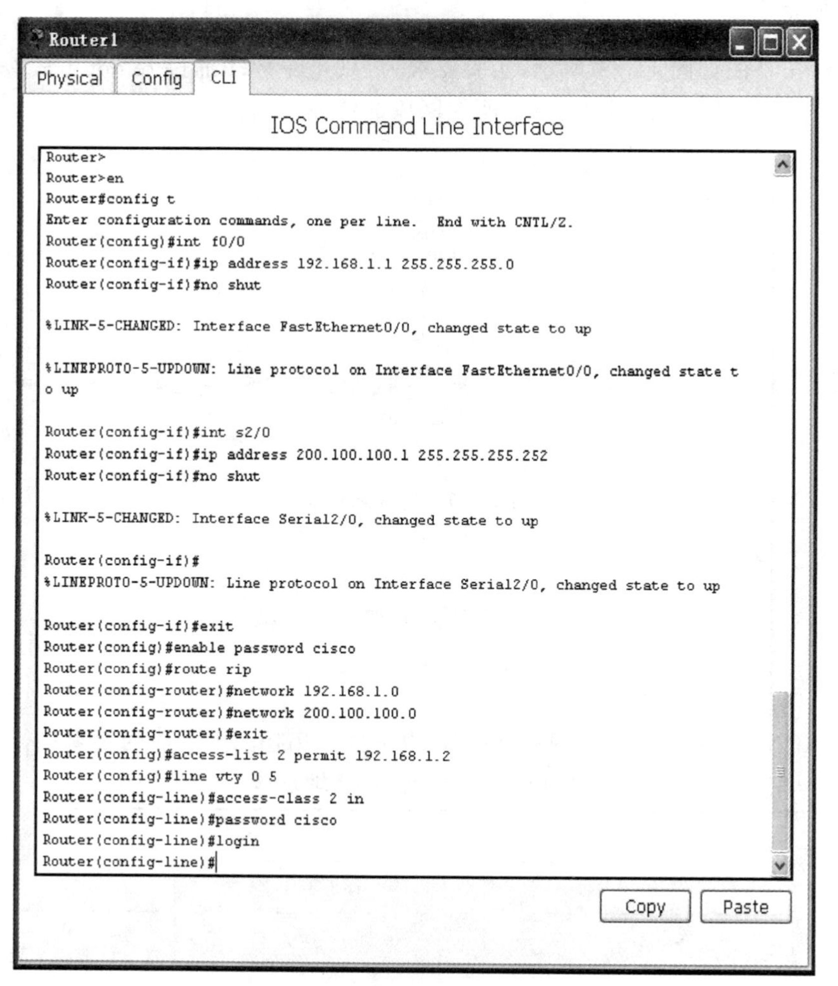

图 11-2　Router1 的配置

(3)进行 Router2 的配置,如图 11－3 所示。

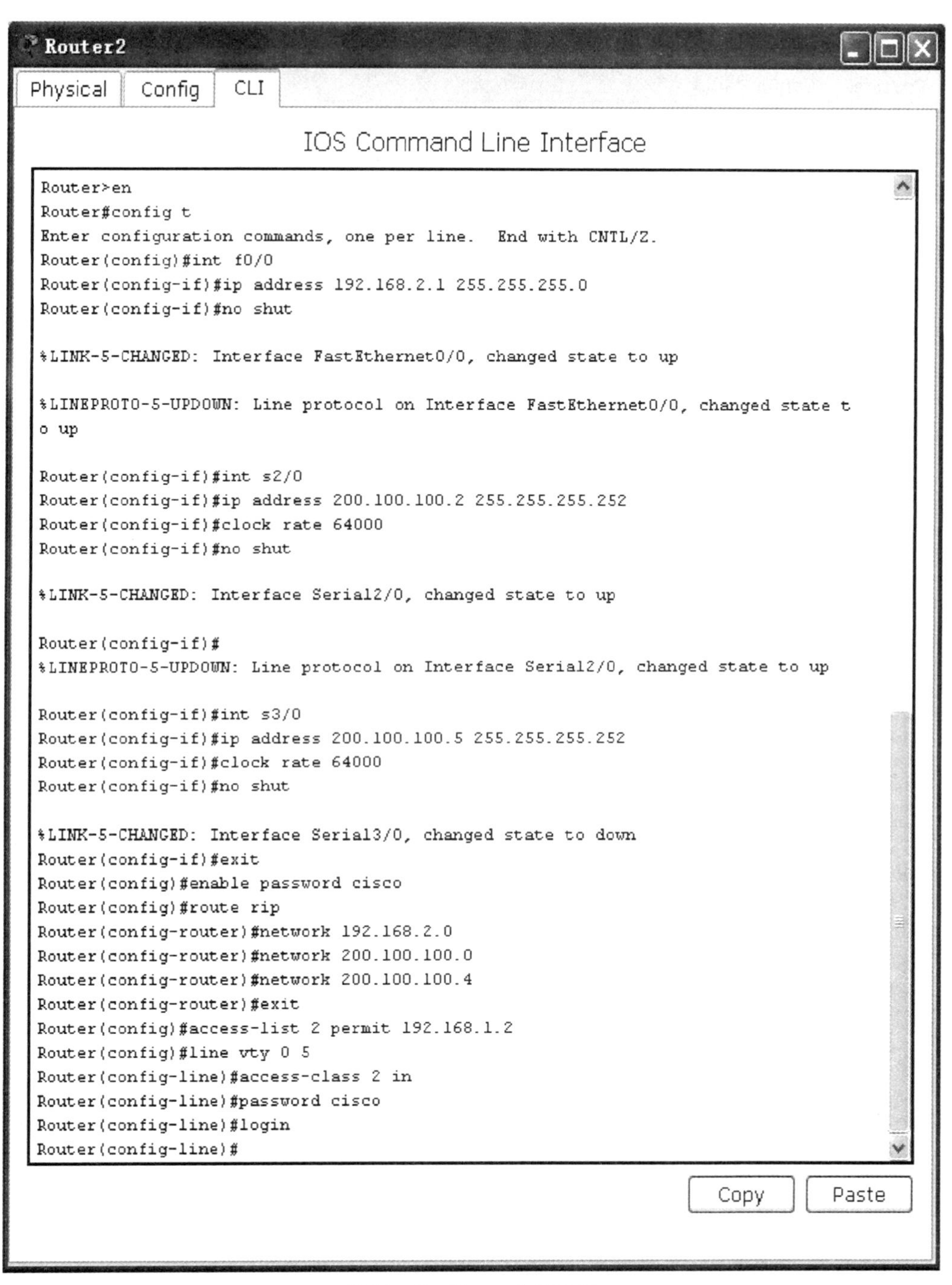

图 11－3　Router2 的配置

(4)进行 Router3 的配置,如图 11－4 所示。

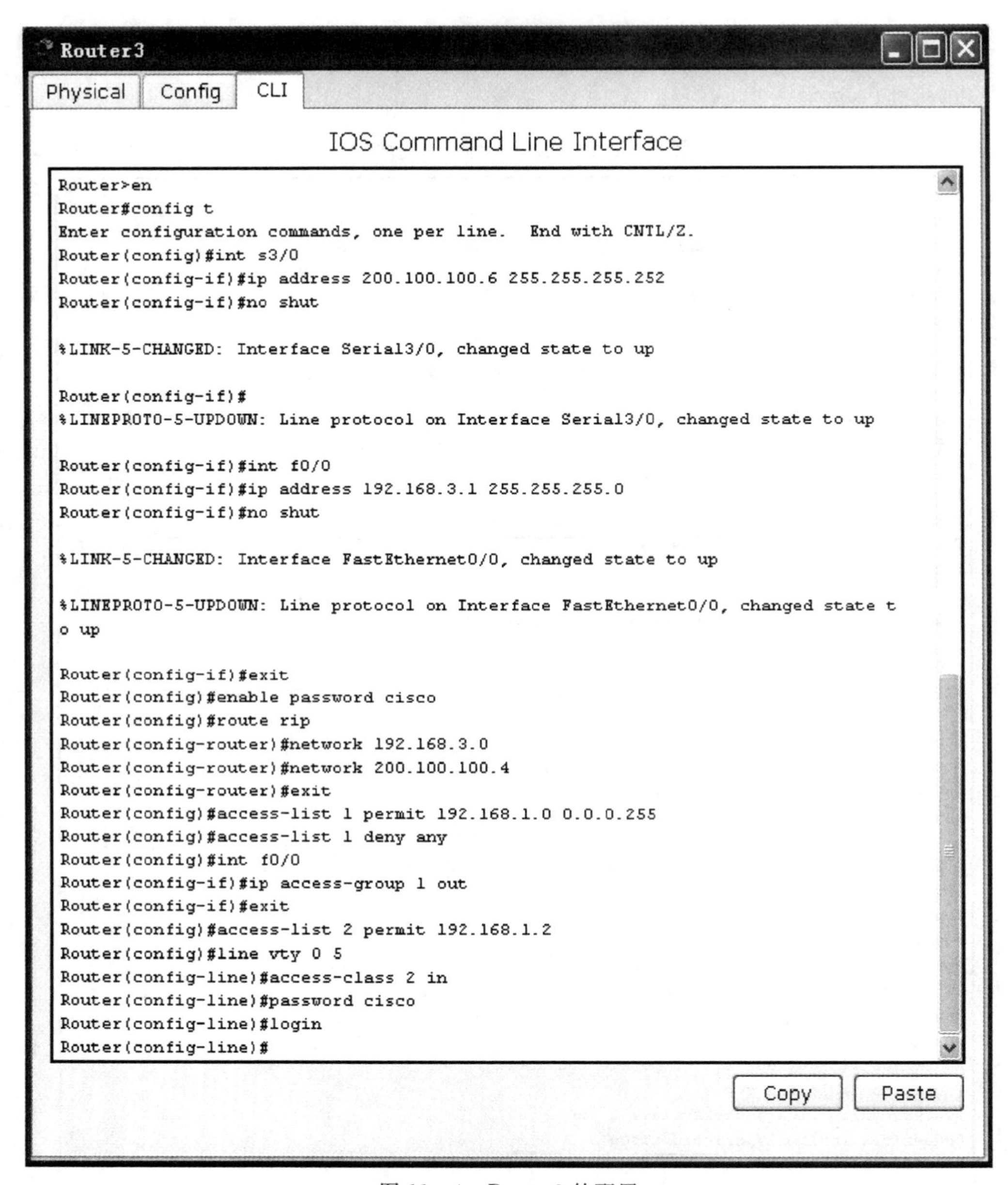

图 11－4　Router3 的配置

五、实验验证

进行 ACL 结果调试验证,如图 11－5～图 11－7 所示。其中图 11－5 中 show 命令的使用可以查看定义的 IP 访问控制列表,图 11－5 表明 Router2 上定义的列表为“1”和“2”;图 11－6 表明 PC1 网段与 PC3 网段的连通性,以及 PC1 使用 telnet 命令任意登录路由器 1,2,3 的登录结果;图 11－7 则表明了 PC2 网段不能与 PC3 网段连通,且不能登录路由器的结果。

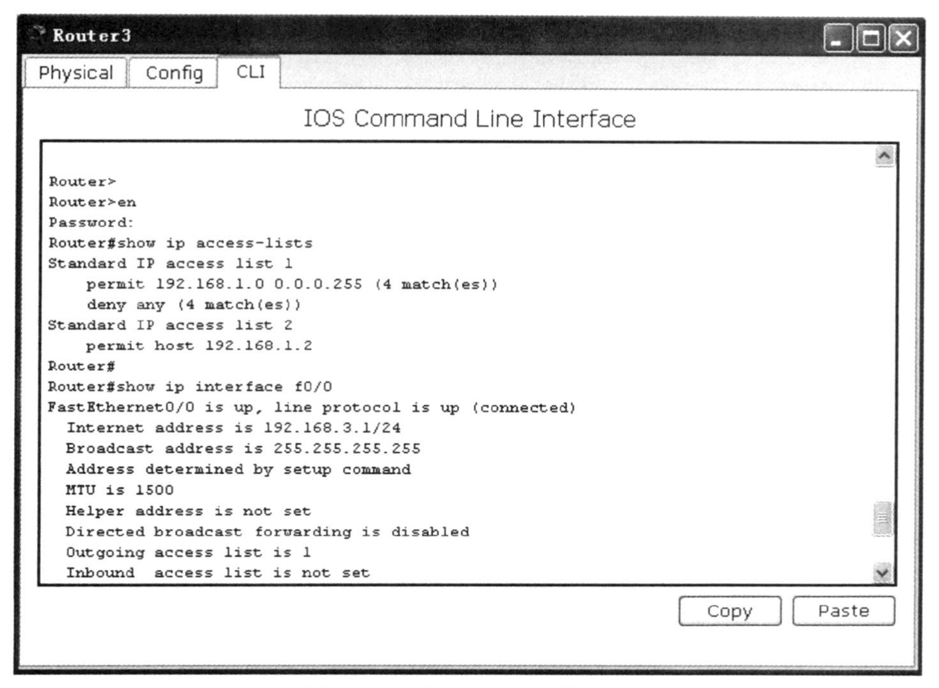

图 11－5　查看 Router3 的 ACL

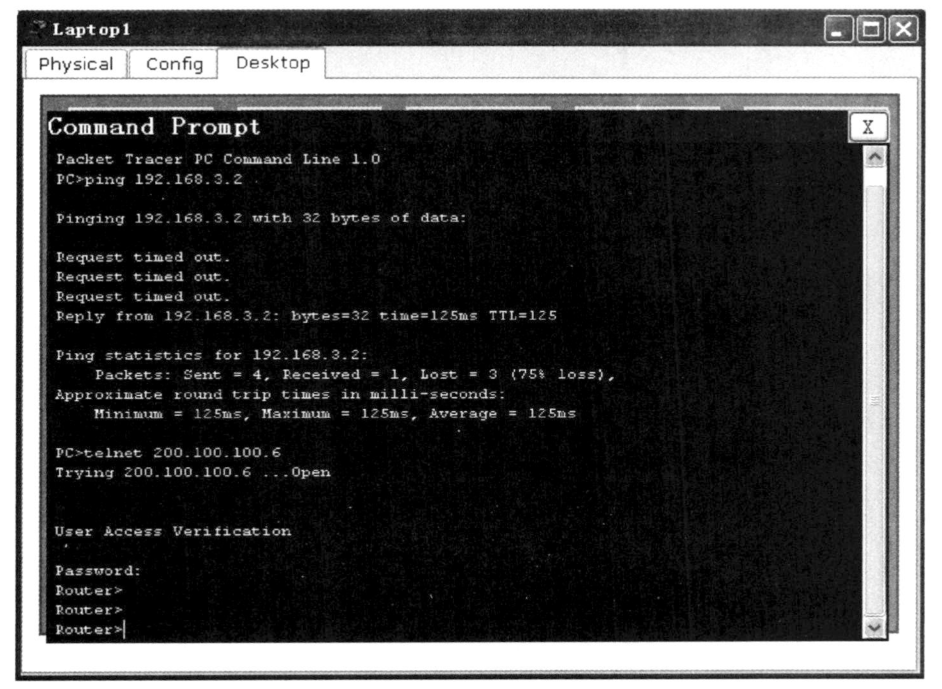

图 11－6　PC1 访问 PC3 及 telnet 登录 Router3 示意图

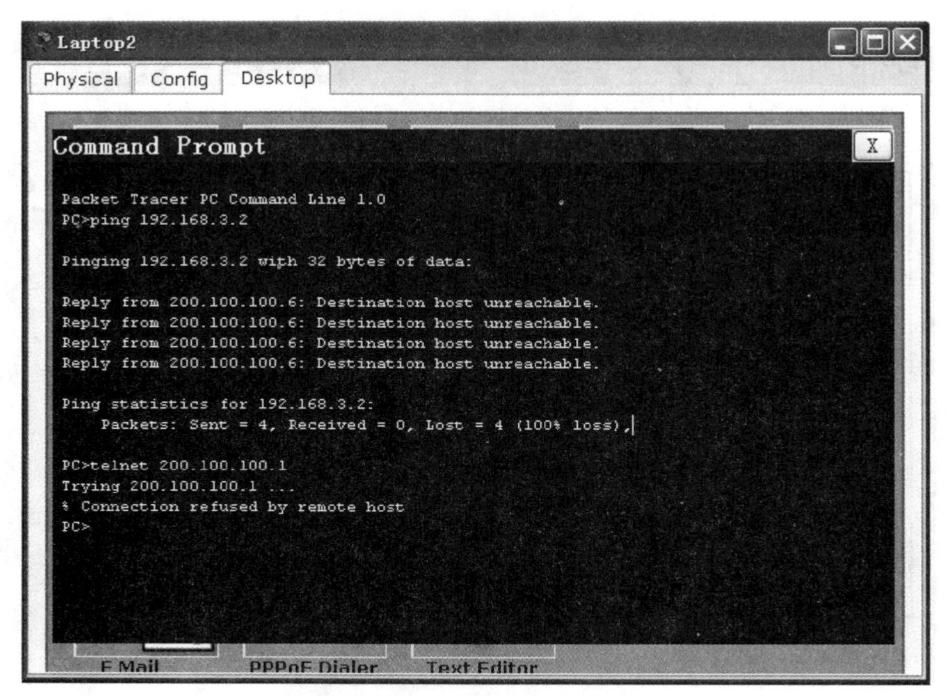

图 11-7　PC2 不能访问 PC3 及不能 telnet 登录 Router3 示意图

实验十二　动态地址分配 DHCP

一、实验目的

(1)理解 DHCP 的基本工作原理。
(2)掌握路由器作为 DHCP 服务器的基本设置。
(3)掌握路由器作为 DHCP 中继代理的基本配置。

二、实验要求

(1)按照图 12-1 搭建网络,完成 DHCP 的基本配置。

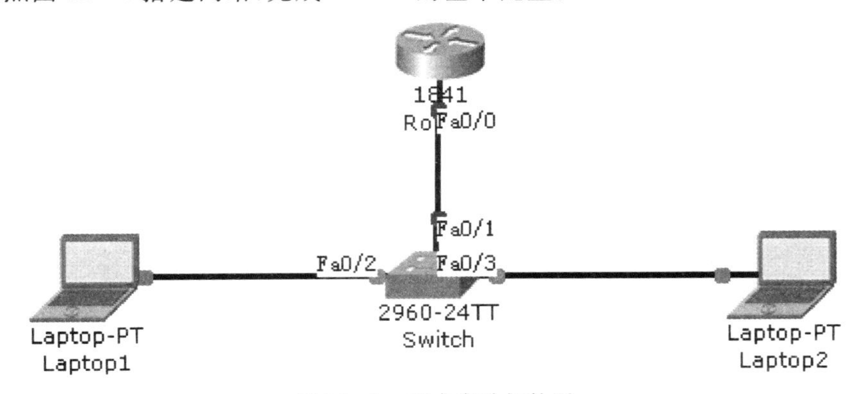

图 12-1　基本实验拓扑图

(2)按照图 12-2 搭建网络,完成 DHCP 中继代理的基本配置。

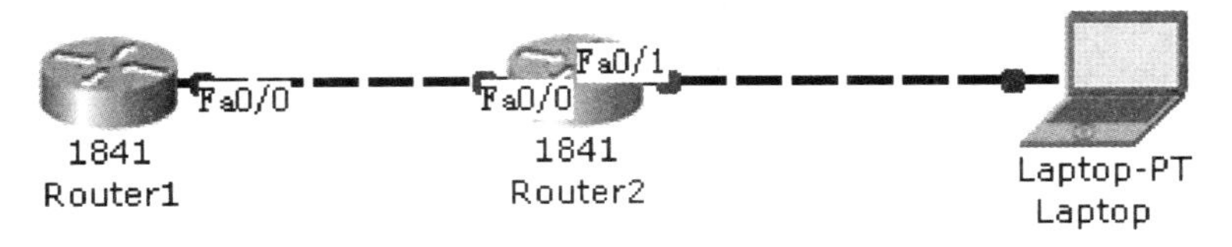

图 12-2　中继配置实验拓扑图

三、实验工具

建议使用 Cisco Packet Tracer 5.3 及其以上版本的模拟器。

四、实验步骤

1. DHCP 基本配置实验步骤
(1)按照图 12-1 搭建网络。

(2)将地址池的动态范围设置在 192.168.1.2～192.168.1.100 之间，将服务器网关地址设置为 192.168.1.1，分配 DNS 的地址为 140.25.13.125，如图 12-3 所示。同时将 PC 的 IP 状态设置为 DHCP 方法获取，如图 12-4 所示。

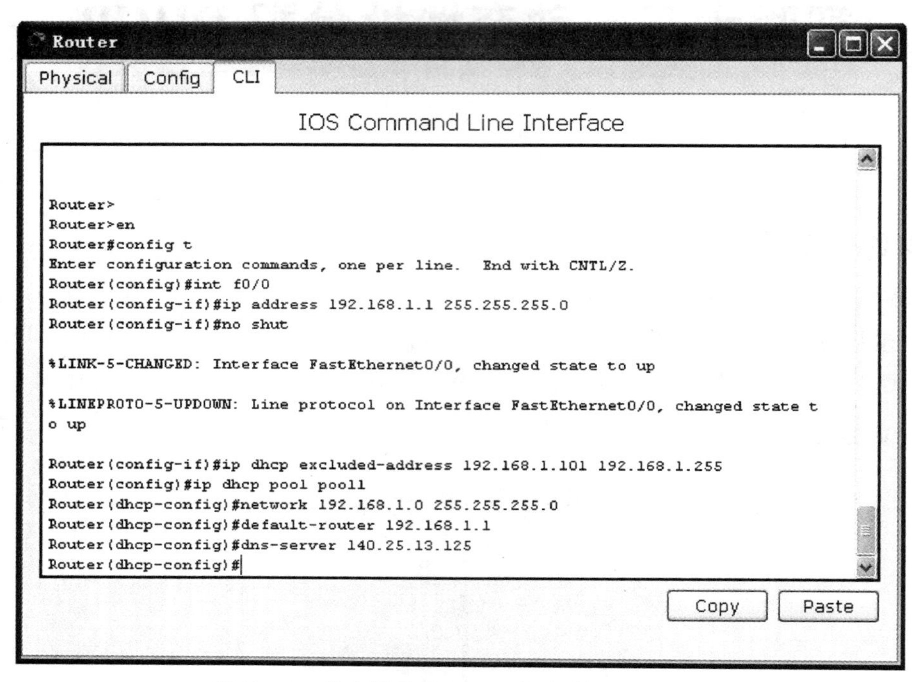

图 12-3　路由器作为 DHCP 服务器的基本设置

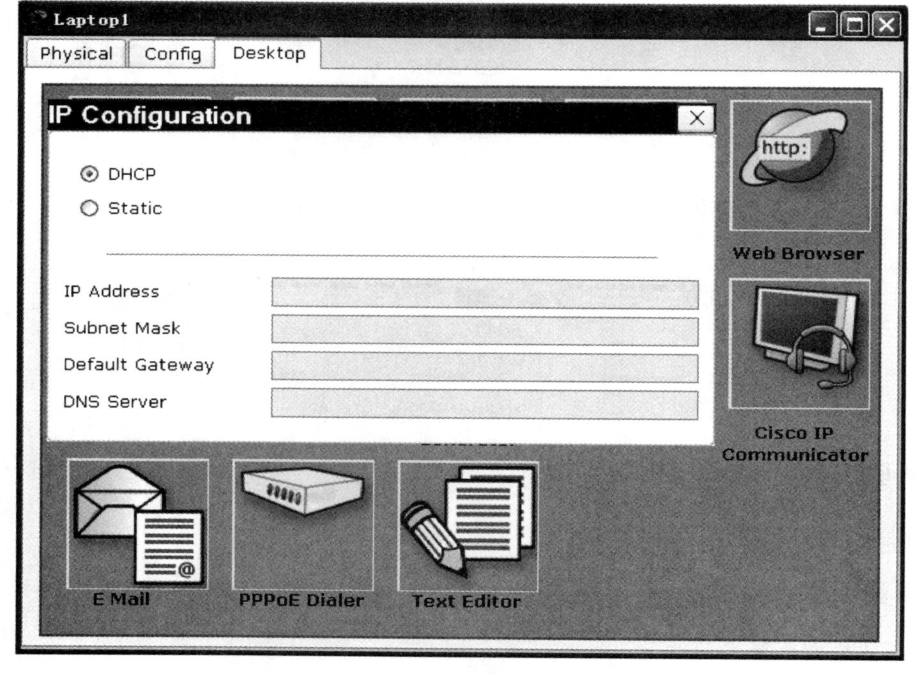

图 12-4　PC 的 IP 地址状态设置

(3)配置完毕,经过若干时间运行之后,可再次查看PC终端的IP状态,就可以看到其被分配到的地址,如图12-5、图12-6所示。

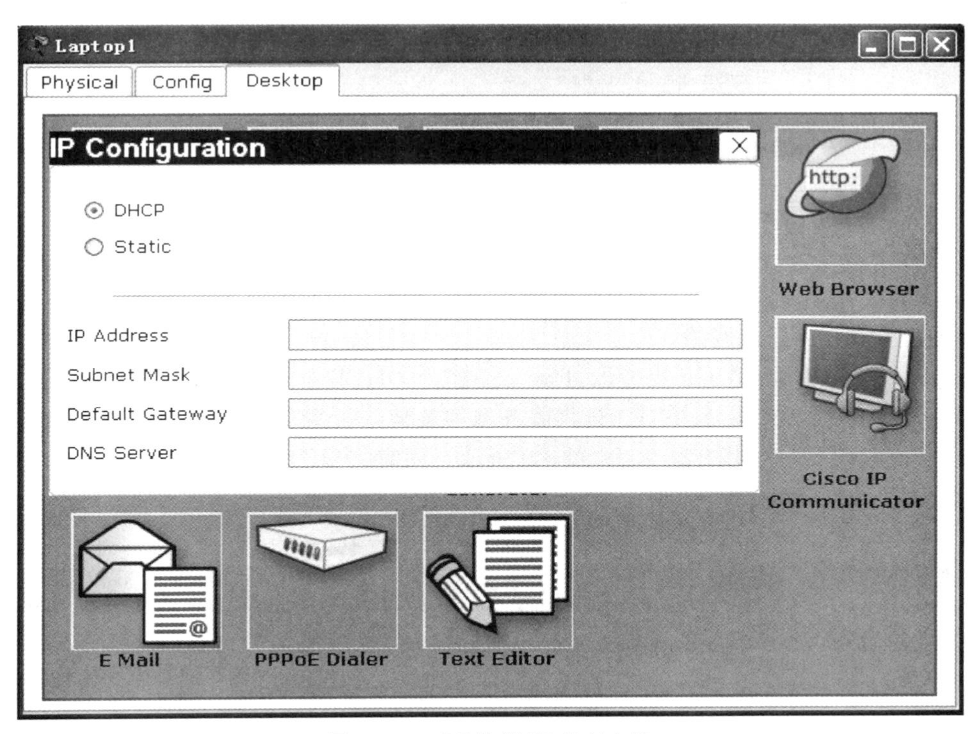

图12-5 PC终端IP状态查询

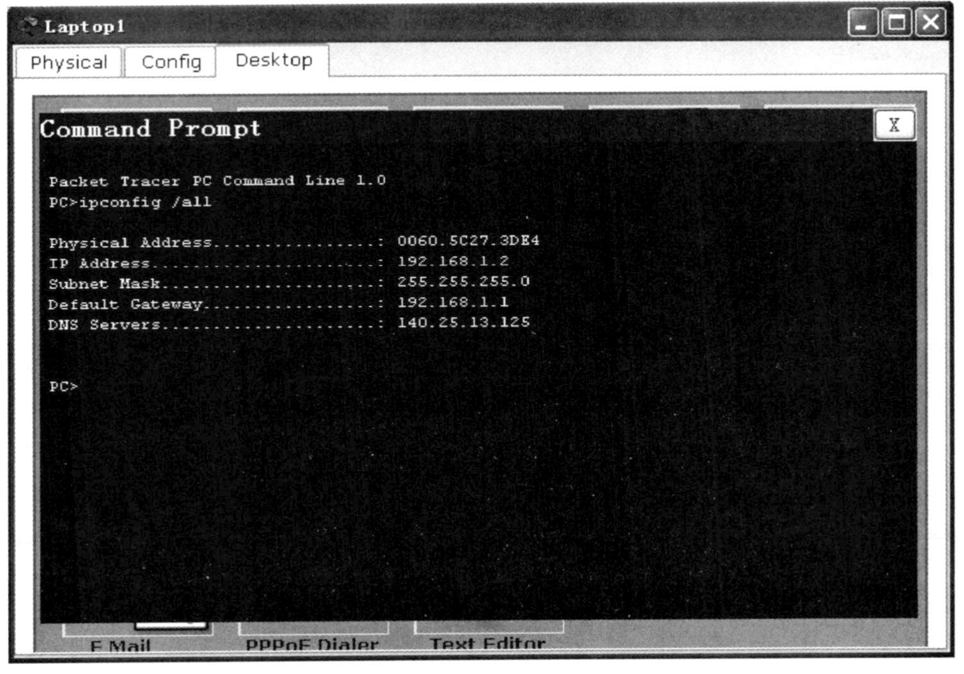

图12-6 PC终端IP地址状态查询

同时,可在路由器上查询 DHCP 服务器结果,如图 12－7 所示。

```
Router#show ip dhcp binding
IP address       Client-ID/              Lease expiration        Type
                 Hardware address
192.168.1.2      000C.8597.2491           --                     Automatic
192.168.1.3      0060.5C27.3DE4           --                     Automatic
Router#
```

图 12－7　路由器 DHCP 服务器结果查询

2. 以路由器作为 DHCP 中继的配置实验步骤

(1)按照图 12－2 搭建网络。

(2)将 Router1 作为 DHCP 服务器,Router2 作为 DHCP 中继,将地址池的动态范围设置在 192.168.1.11～192.168.1.99 之间,将服务器网关地址设置为 192.168.1.1,分配 DNS 的地址为 140.25.13.125,如图 12－8、图 12－9 所示。同时将 PC 的 IP 地址设置为动态 DHCP 方法获取,如图 12－10 所示。

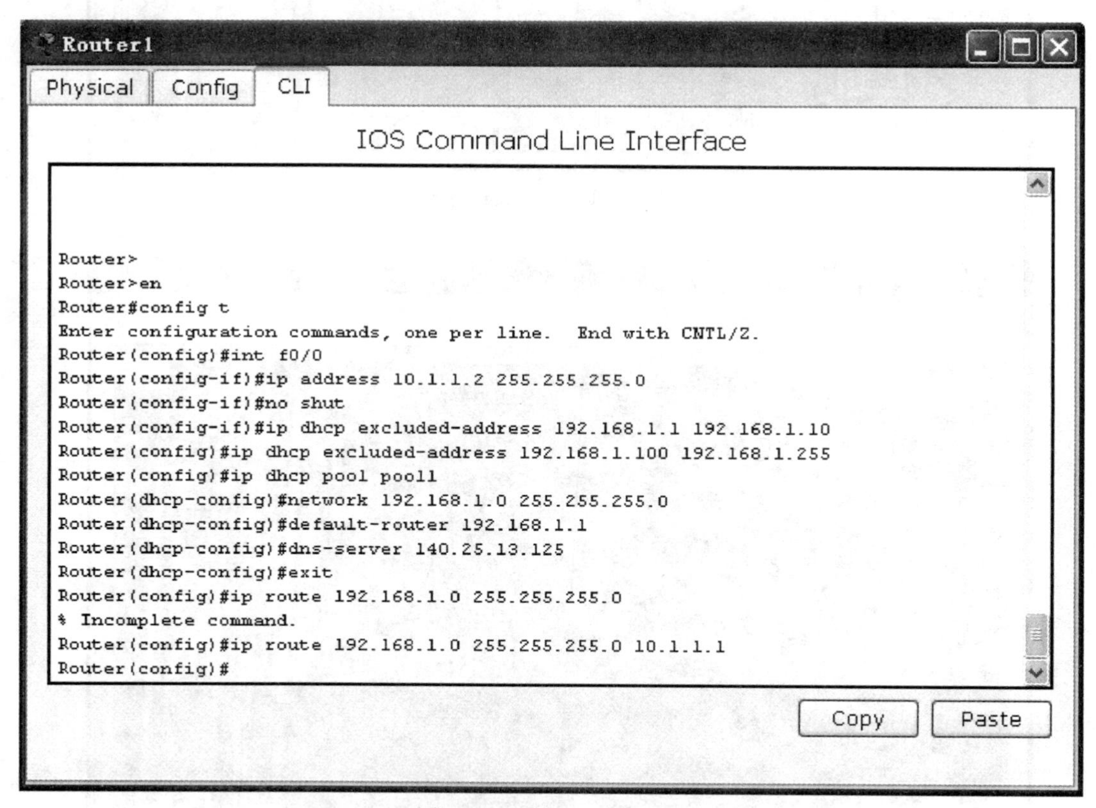

图 12－8　Router1 的配置

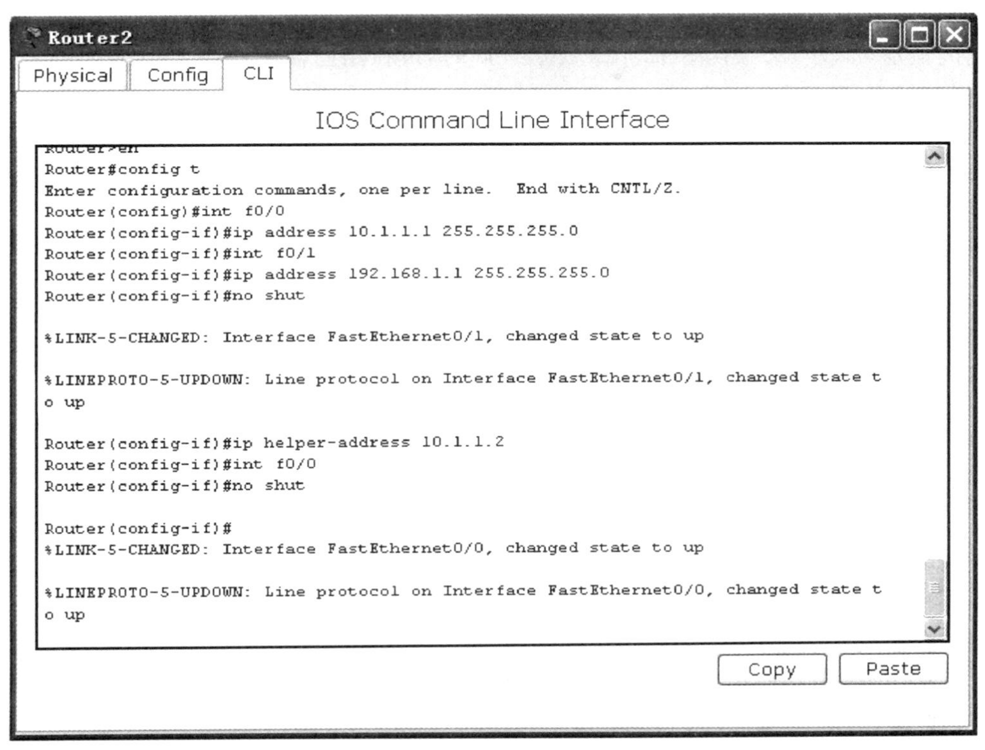

图 12－9　Router2 的配置

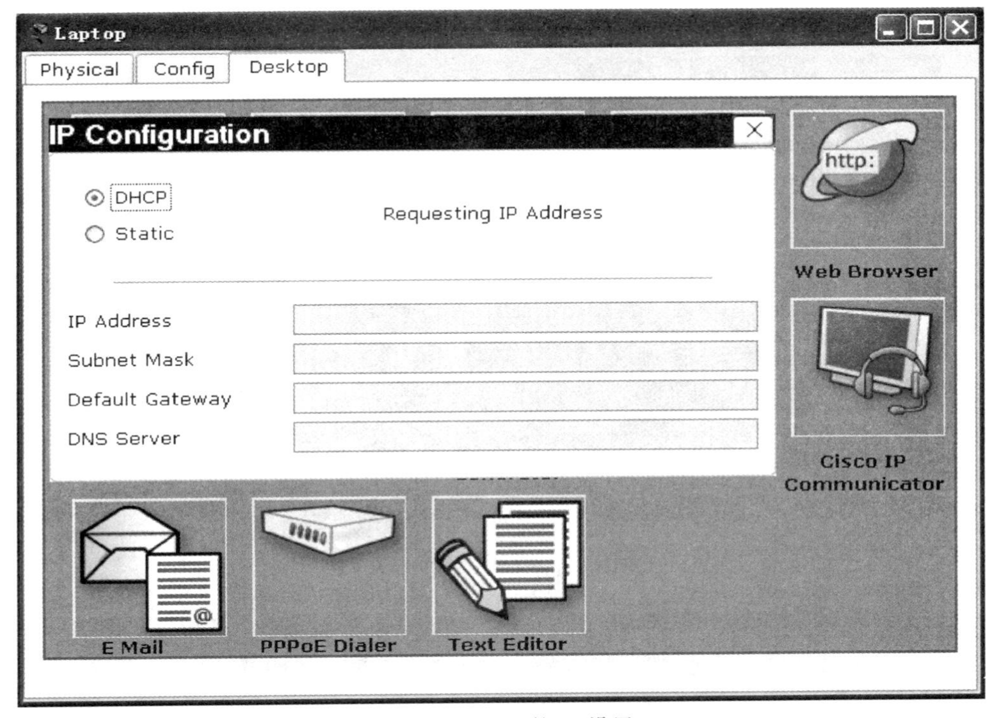

图 12－10　PC 的 IP 设置

(3)配置完毕,经过若干时间运行之后,可再次查看 PC 终端的 IP 状态,就可以看到其被分配到的地址,如图 12-11、图 12-12 所示。同时,可在路由器上进行 DHCP 服务器结果查询,如图 12-13 所示。

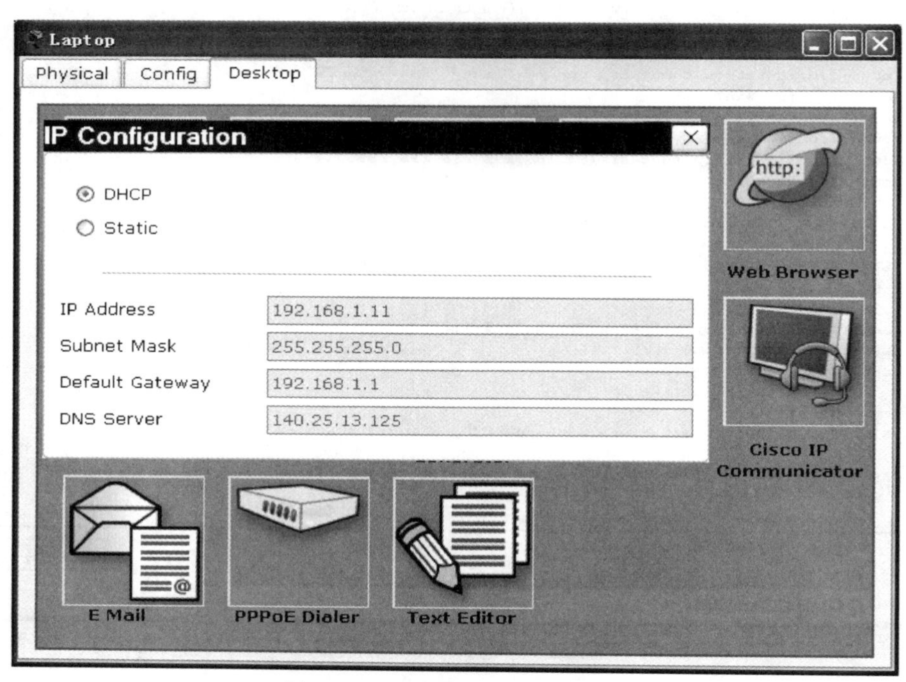

图 12-11　查询 PC 终端 IP 信息

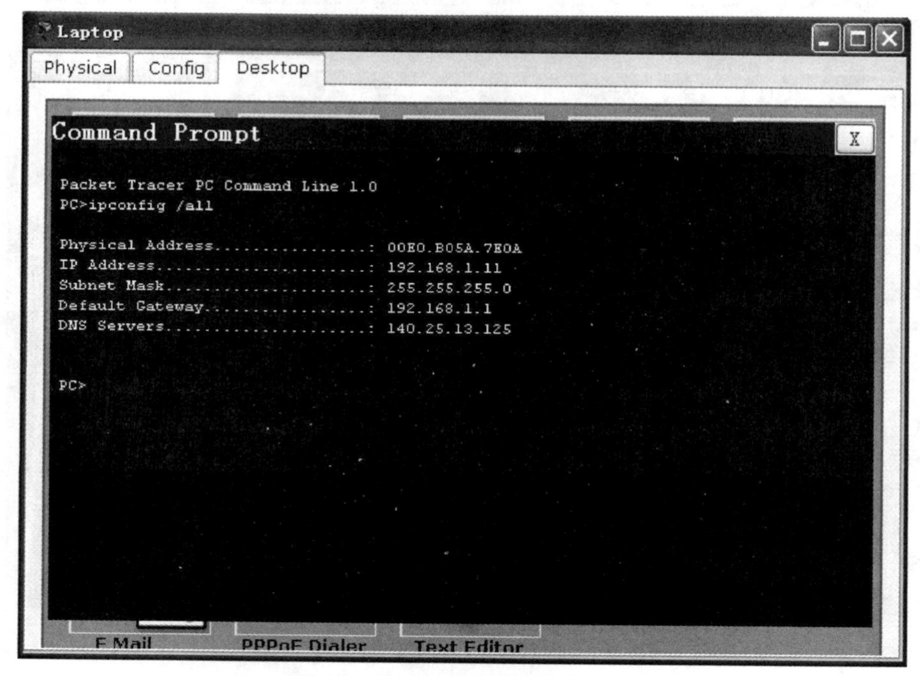

图 12-12　PC 终端 IP 状态查询

```
Router#show ip dhcp binding
IP address       Client-ID/              Lease expiration        Type
                 Hardware address
192.168.1.11     00E0.B05A.7E0A           --                     Automatic
Router#
```

图 12-13　路由器 DHCP 服务器结果查询

五、实验验证

(1)由图 12-5～图 12-7 的结果可以看出，服务器运行 DHCP 后，与其相连的 PC 终端均获得了地址池里相应的 IP 地址，且查询 IP 信息可以看出是动态获取。

(2)由图 12-11～图 12-13 的结果可以看出，服务器运行 DHCP 后，与其相连的 PC 终端通过中继代理，均获得了地址池里相应的 IP 地址，且查询状态可以看出是动态获取。

实验十三　地址转换 NAT

一、实验目的

(1)理解 NAT 的工作原理与用途。

(2)理解 NAT 的基本分类。

(3)掌握静态 NAT 与动态 NAT 的基本配置。

二、实验要求

(1)按照图 13－1 搭建网络,完成静态 NAT 的基本配置。

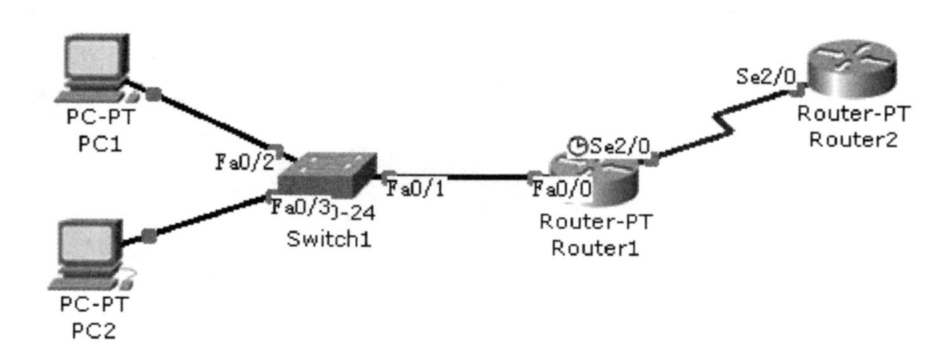

图 13－1　静态 NAT 实验拓扑图

(2)按照图 13－2 搭建网络,完成动态 NAT 的基本配置。

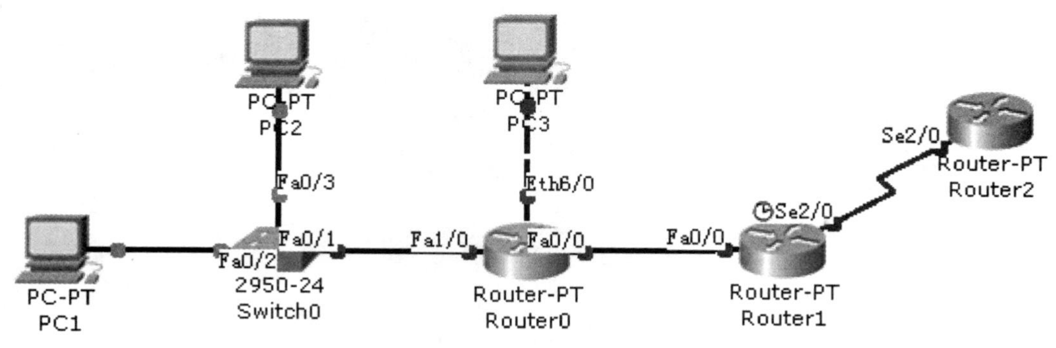

图 13－2　动态 NAT 实验拓扑图

三、实验工具

建议使用 Cisco Packet Tracer 5.3 及其以上版本的模拟器。

四、实验步骤

1.静态 NAT 基本配置实验的步骤

(1)按照图 13－1 搭建网络。

(2)按照表 13－1 进行 IP 设置，要求 PC1 对外访问的时候要隐藏具体的 IP 地址，且要求其被外部访问的时候映射的本地全局地址为 220.49.210.2，同时 PC2 不能访问外部网络。Router1 和 Router2 的配置分别如图 13－3、图 13－4 所示。

表 13－1　各端口 IP 地址表

名称	接口	IP	网关
Router1	f0/0	192.168.1.1/24	
	s2/0	220.49.210.1/24	
Router2	s2/0	220.49.210.2/24	
Laptop0		192.168.1.2/24	192.168.1.1
Laptop1		192.168.1.3/24	192.168.1.1

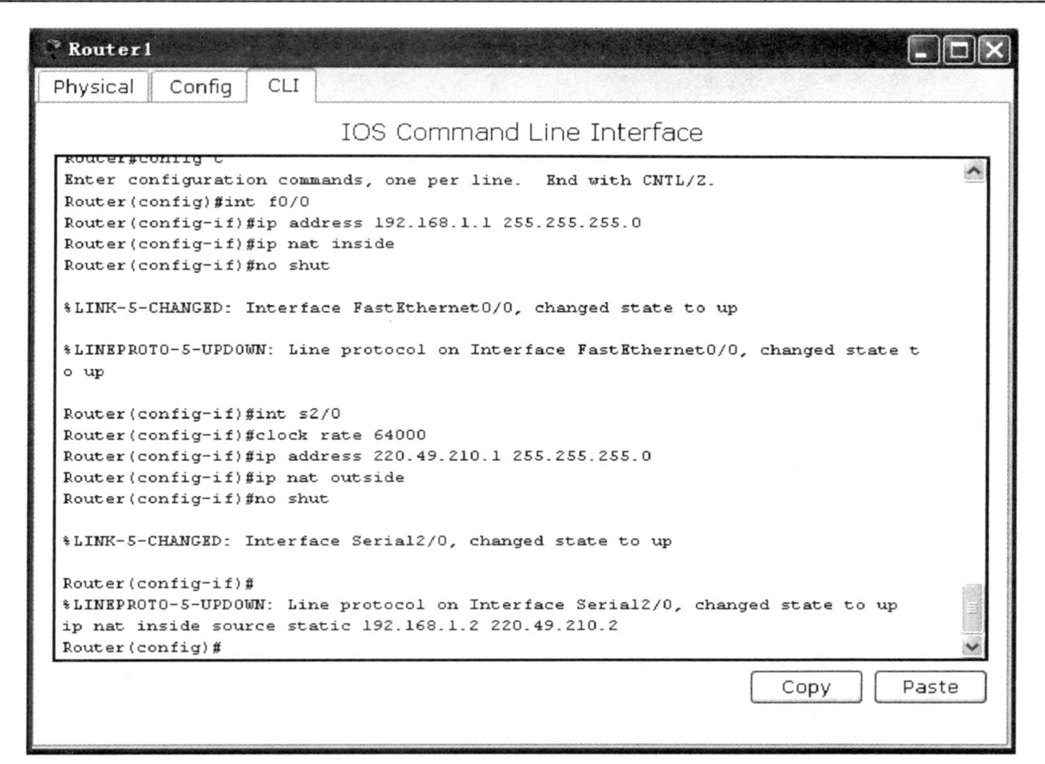

图 13－3　Router1 的配置

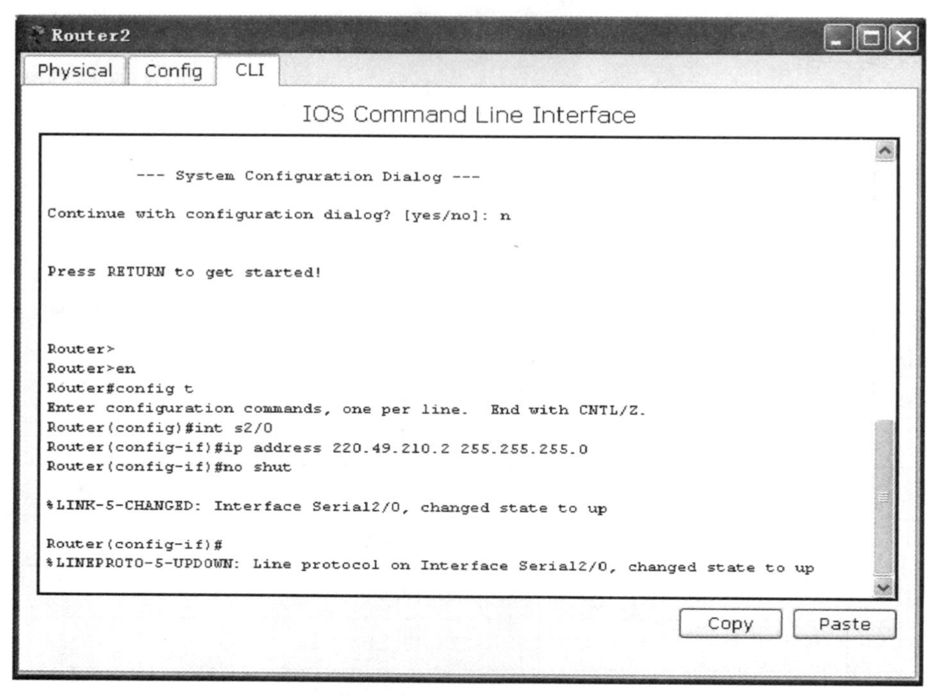

图 13-4 Router2 的配置

(3)通过在 PC1 上 ping 路由器的接口地址来测试内网向外网的通信结果，如图 13-5 所示。

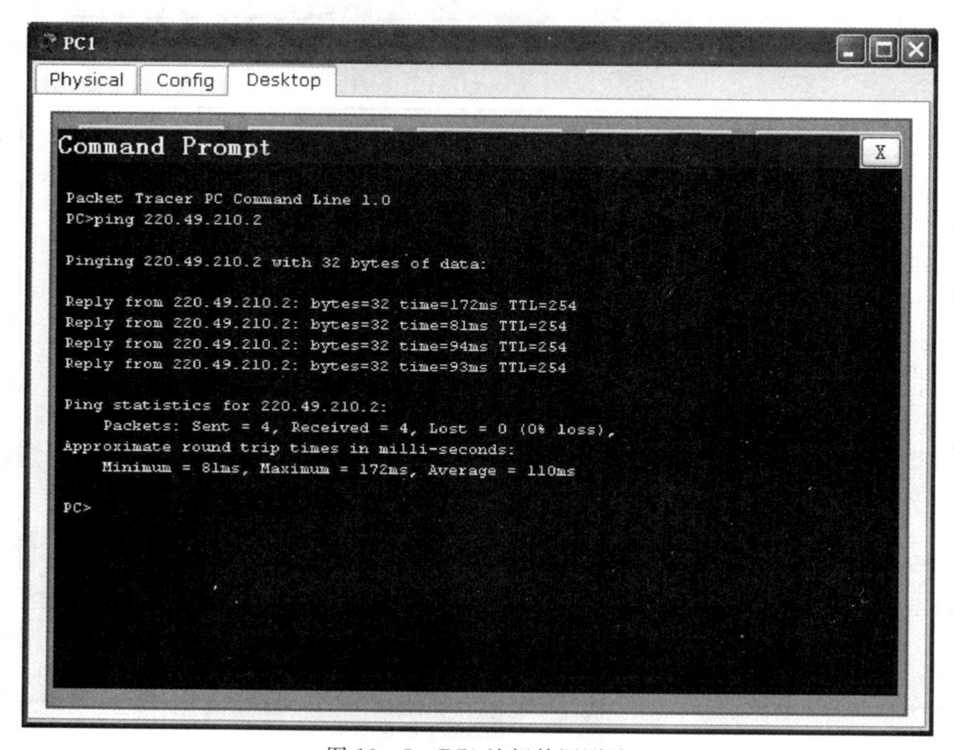

图 13-5 PC1 访问外网测试

(4)在 Router2 上来使用 debug 命令查看访问过程中 IP 的变化,可以看到报文的源地址本来是 192.168.1.2,现已变成 220.49.210.2,说明完成了静态映射,如图 13-6 所示。

```
Router#debug ip icmp
ICMP packet debugging is on
Router#
ICMP: echo reply sent, src 220.49.210.2, dst 220.49.210.10

ICMP: echo reply sent, src 220.49.210.2, dst 220.49.210.10

ICMP: echo reply sent, src 220.49.210.2, dst 220.49.210.10

ICMP: echo reply sent, src 220.49.210.2, dst 220.49.210.10
```

图 13-6 Router2 的 debug 命令结果

(5)在 Router1 上使用 show 命令来查看路由器中的静态映射表,如图 13-7 所示。

```
Router#show ip nat translations
Pro  Inside global     Inside local       Outside local      Outside global
---  220.49.210.10     192.168.1.2        ---                ---

Router#
```

图 13-7 使用 show 命令显示 Router1 中的静态映射表

由以上验证可见,静态 NAT 的配置成功完成了。

2. 动态 NAT 基本配置实验的步骤

(1)按照图 13-2 搭建网络。

(2)按照表 13-2 进行相应的 IP 规划。

表 13-2 各端口 IP 地址表

名称	接口	IP	网关
Router0	f0/0	10.1.1.2/24	
	f1/0	192.168.1.1/24	
	e6/0	192.168.2.1/24	
Router1	f0/0	10.1.1.1/24	
	s2/0	220.49.210.1/24	
Router2	s2/0	220.49.210.2/24	
PC1		192.168.1.2/24	192.168.1.1
PC2		192.168.1.3/24	192.168.1.1
PC3		192.168.2.2/24	192.168.2.1

(3)动态 NAT 技术应用的环境是一次申请多个外网地址来供内网使用。此次实验共设置了 6 个外网 IP,网段范围为 220.49.210.10～220.49.210.15,子网掩码为 255.255.255.0,要求设置相应的动态 NAT 映射关系,允许 192.168.1.0/24 的网段可以进行转换来访问外网,其他网段均不允许。相应的 Router0,Router1,Router2 的配置分别如图 13－8～图 13－10 所示。

在路由器的相应端口配置完的基础上,还需要在各路由器之间建立相应的路由,此处使用的是缺省路由形式。

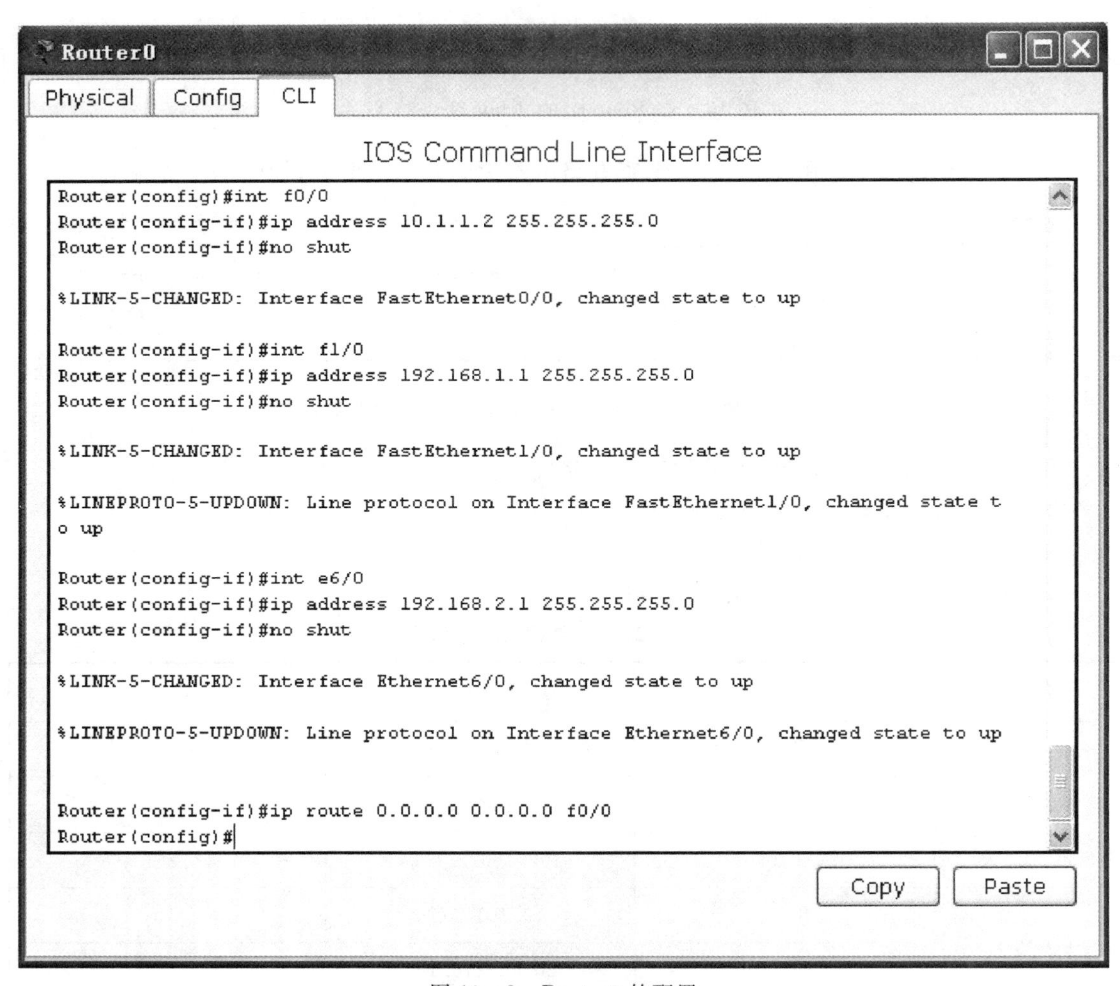

图 13－8　Router0 的配置

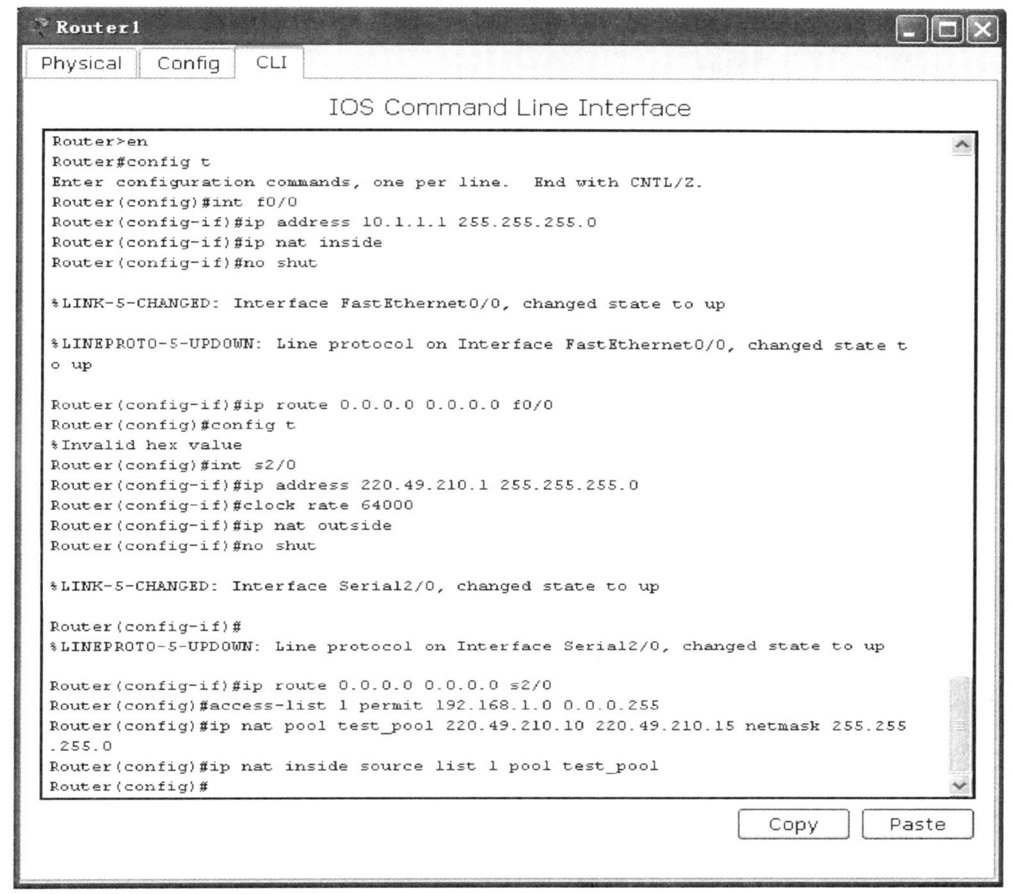

图 13－9　Router1 的配置

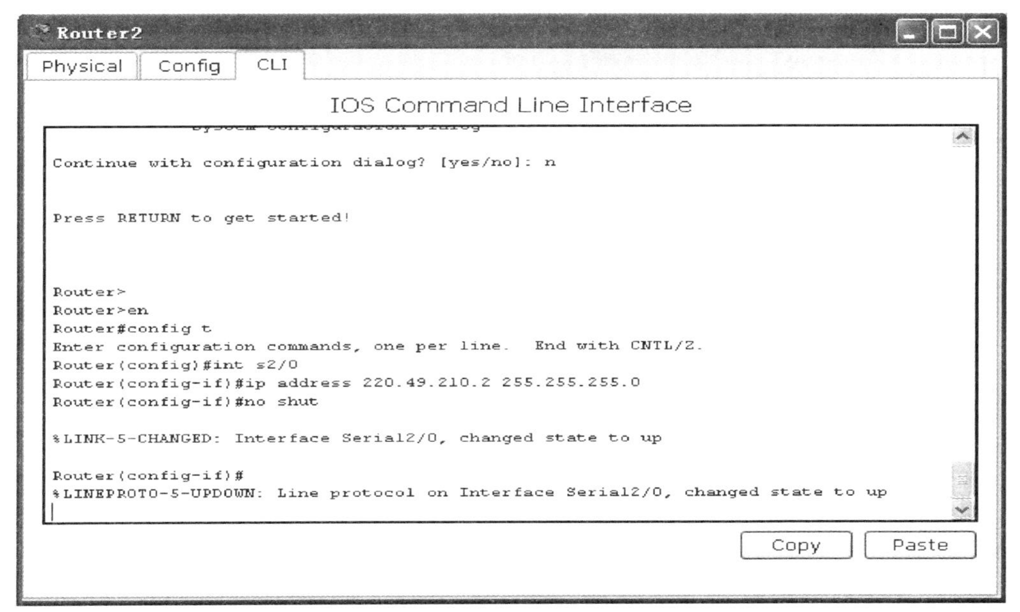

图 13－10　Router2 的配置

(4)使用 debug 命令来查看动态转换的过程,如图 13－11 所示。但是动态映射关系仅存在一定时间,超时后会自动删除。

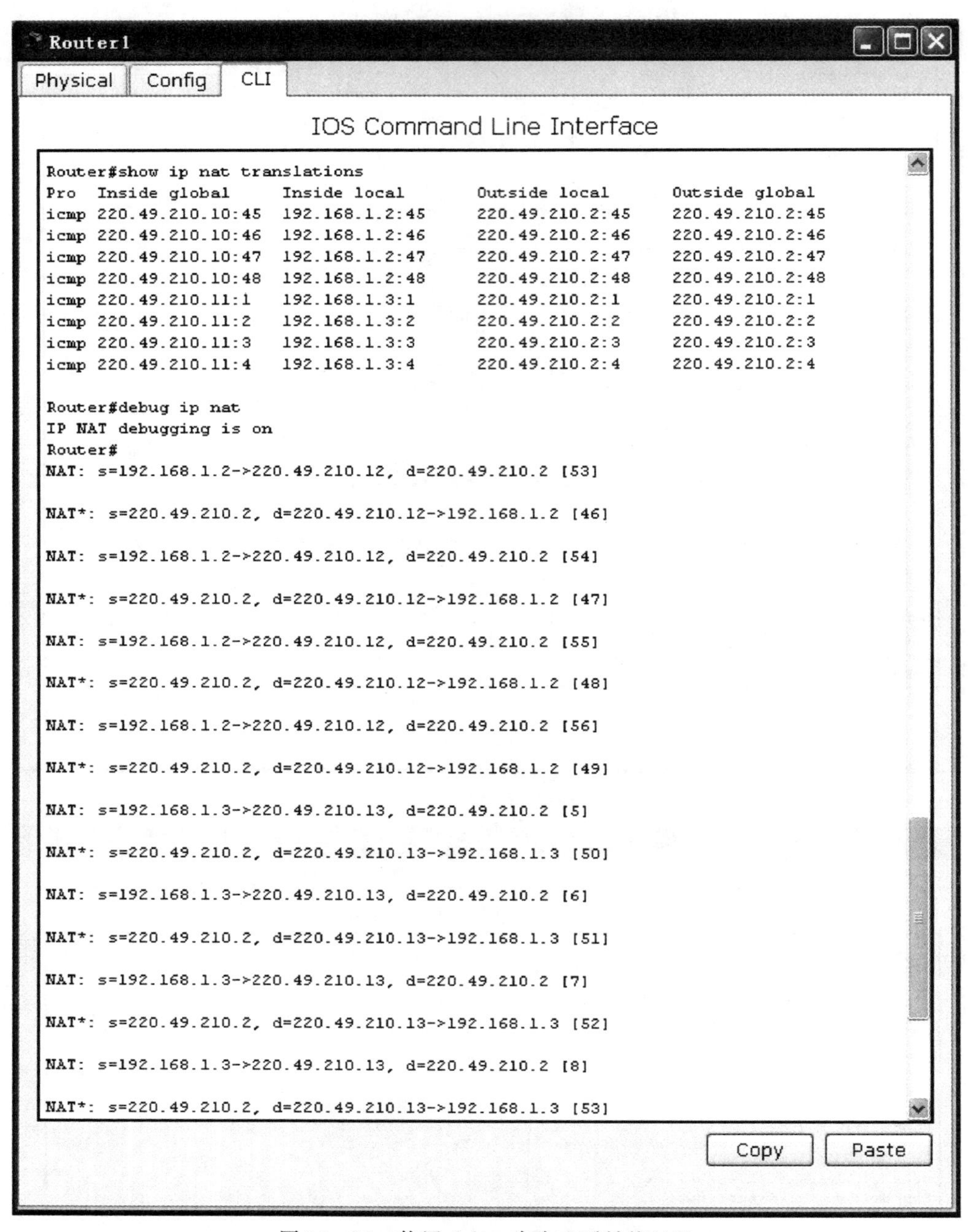

图 13－11　使用 debug 命令查看转换过程

(5)用 show 命令来查看 NAT 的映射表,如图 13－12 所示。但由于此次动态 NAT 的映射关系不是静态建立的,所以首先需要激发流量,才可建立起相应的映射关系,且每次激发建立的映射关系都不一样,如无激发,则会看到空表。

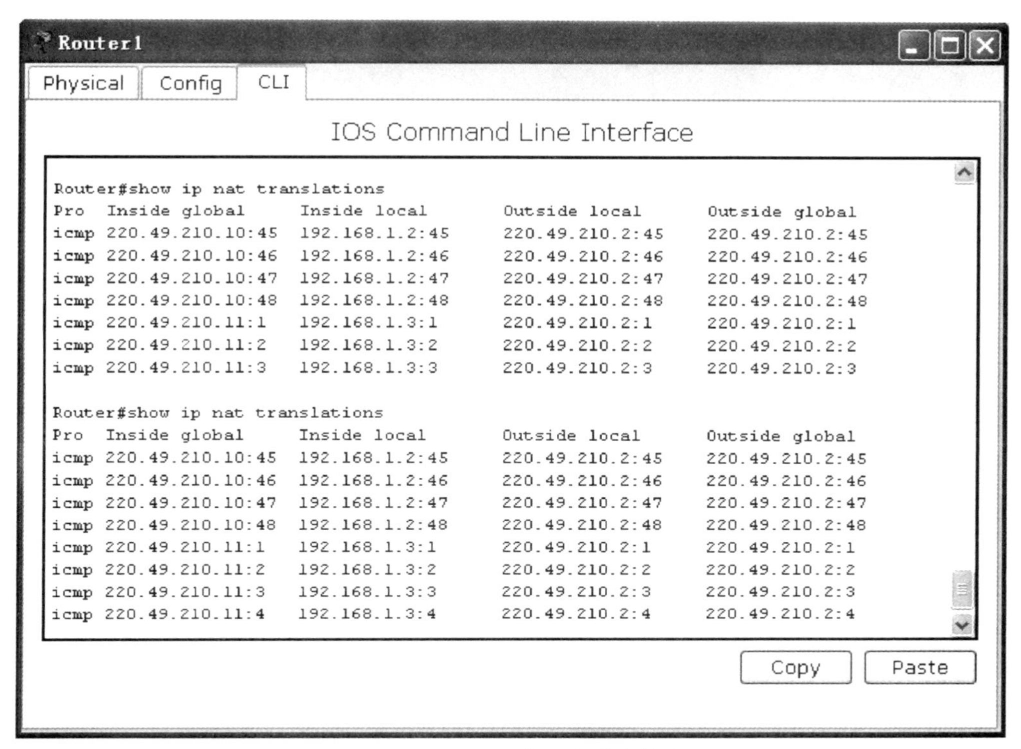

图 13-12　show 命令查看映射表

五、实验验证

(1)从图 13-5～图 13-7 的结果可以看出，运行静态 NAT 协议后，完成了地址的转换要求。

(2)从图 13-11、图 13-12 的结果可以看出，运行动态 NAT 协议后，也完成了地址的转换要求。但须注意的是查询状态和映射表都是动态获取。

实验十四　综合实验设计

一、实验目的

(1)综合运用前面实验课程的知识。

(2)按要求完成各个综合实验的设计。

二、实验要求

(1)综合实验1要求。

按照图14-1搭建网络,进行设备Hostname更名,以及密码设置。其中,路由器更名按图上要求进行,交换机更名自定义。

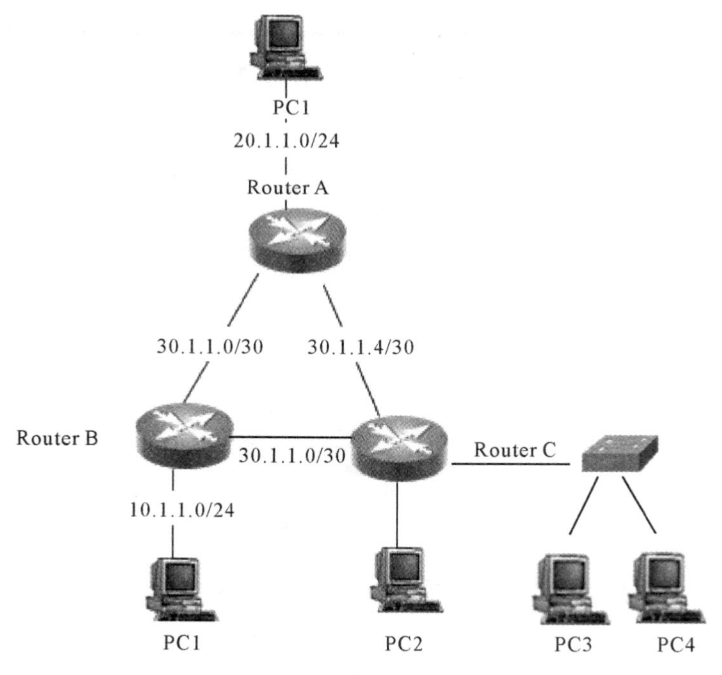

图14-1　综合实验1拓扑图

按照图14-1中IP网段要求进行相关的IP规划。

列出交换机MAC地址列表。

将Router A,Router B,Router C均启用静态路由。

将PC4或者PC5进行访问控制。

(2)综合实验 2 要求。

按照图 14－2 搭建网络。

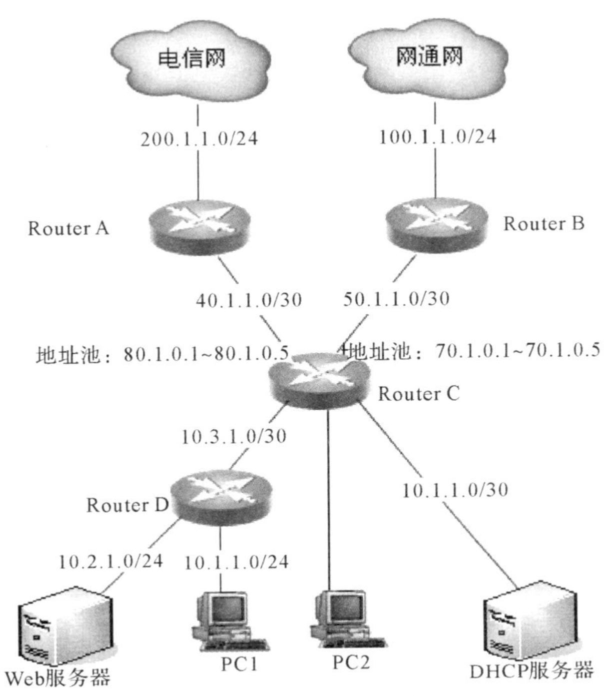

图 14－2　综合实验 2 拓扑图

恢复各设备的 enable 密码。

在各设备上配置对应的名称。

在各设备上配置 enable 密码(密码是学号)。

按照环境进行相关的 IP 规划。

在 Router C 上做 NAT，使私网 PC 访问电信网时，IP 转换为 80 网段，通过 Router A 访问；私网 PC 访问网通网时，IP 转换为 70 网段，通过 Router B 访问；公网的 PC 能够访问私网中的 Web 服务器。

PC2 能够通过 DHCP 服务器自动获取 IP。

PC1 可以 telnet Web 服务器，禁止其他设备远程 telnet Web 服务器，设备重启后配置仍存在。

下篇　中兴 NC 设备部分

实验准备　CCS2000 软件使用说明

首先在桌面上找到 CCS2000 的图标并双击，就可以进入一个开始界面，来对所有用户的网络设置进行检查，要求通信 IP 设置正确。登录的用户分为教师和学生。教师的可操作内容多于学生，同时教师也可以作为学生进行实验。用户的很多属性在服务器数据库建立时就已经确定。

一、开始界面

运行用户端软件，如图 1 所示。

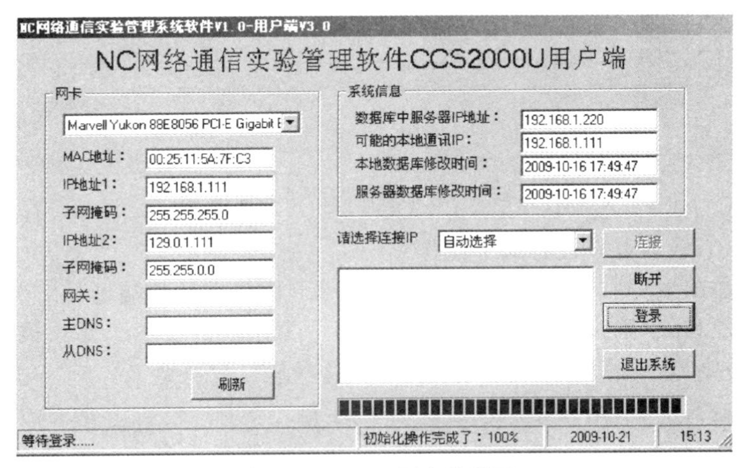

图 1　CCS2000 用户端界面

与服务器通信的 IP 可以选择，也可以让系统自动判定。

二、登录

没有错误后，可以单击＜连接＞按钮，然后单击＜登录＞按钮，显示登录界面，如图 2 所示。

登录管理
登录信息
用户名：
用户ID：　0
用户密码：
ZTE-NC
登录
返回
只有教师才需要正确的密码和ID，学生的随意输入
内部版本:S0002:3.2:08:02:17
15:15

图 2　CCS2000 登录界面

输入用户名：user1～user60，用户 ID：1～60（与用户名数字相对应），用户密码：1111。然后单击＜登录＞按钮，就可以进入运行界面。如果出现错误，则直接显示错误信息。

三、队列状态和操作

教师端队列状态界面如图 3 所示。

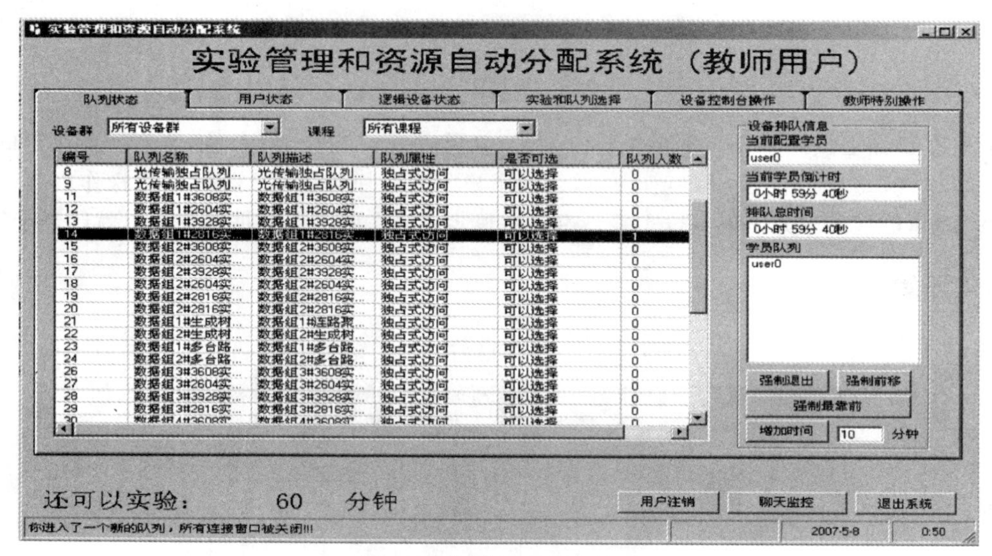

图 3　教师端队列状态界面

选中一个用户，教师可以进行如下操作：

单击＜强制退出＞，则该用户被强制退出。1 min 内将在教师端显示出来。

单击＜强制前移＞，则该用户被强制移动到上一个用户的前面。要求被选择的用户在第三个用户之后，否则显示错误。对于共享型队列，这些操作没有意义。

单击＜强制最靠前＞，则该用户被强制移动到第二个用户位置。要求被选择的用户在第三个用户之后，否则显示错误。对于共享型队列，这些操作没有意义。如果想让第二个用户马上可以实验，可以把第一个用户强制退出。

在“增加时间”框中设置给选择的用户增加的实验时间，以分钟计算。

四、用户操作

用户操作包括队列选择，以及主动退出。

如图 4 所示，选择课程，然后选择实验，就可以看到对应这个课程，满足这个实验的队列。然后单击＜加入对列＞，如果这个队列的设备已经被其他队列占用，则不能排队，服务器系统反馈错误信息。如果可以排除，则在 1 min 内，显示所选队列的信息。目前一个学生用户一次只能选择一个队列排队。

选中一个队列，然后单击＜退出对列＞，等待服务器响应，就可以退出。

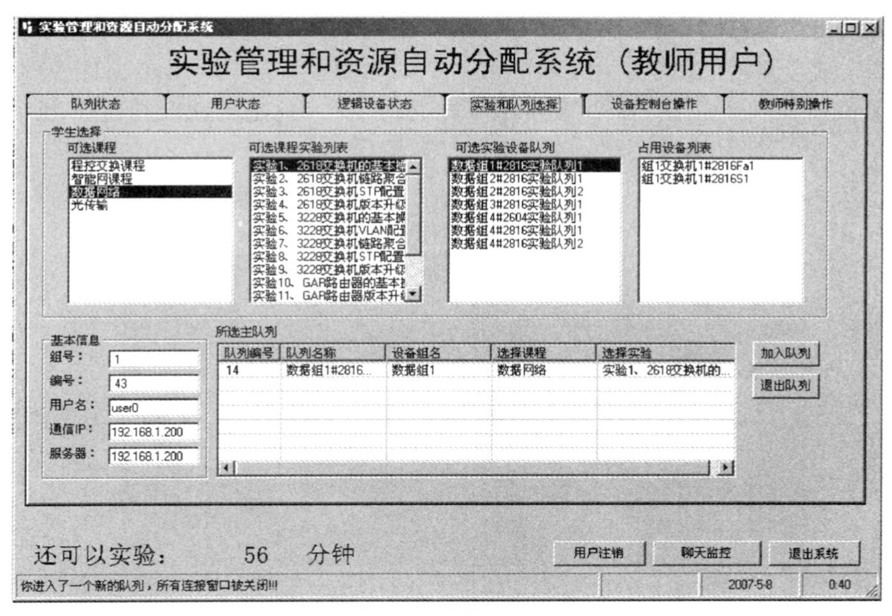

图 4　教师用户资源分配界面

五、远程网关和网络访问

若数据设备为串口，则可以通过串口控制台命令行控制，对于数据产品特别有用。对于网口设备，如果支持 Telnet 也可以使用控制台。

使用串口网关，可以实现不连接专门的串口就可以通过网络配置产品的串口，从而具有底层控制设备的能力，而且为远程实验提供了可能。再加上辅助队列功能，完全可以免连线操作。通过命令，可以使产品恢复出厂状态。

数据设备队列选择完成之后，选择＜设备控制台操作＞项进入图 5 所示的界面，然后单击＜连接设备串口＞按钮。

图 5　学生用户状态界面

选择连接设备串口之后会出现图6所示的界面，然后在发送内容的文本框中输入发送的内容。按回车或者点击＜回车发送＞按钮发送。如果需要发送一个文本文件中的批命令，则单击＜连续操作文件＞按钮，然后选择你写好的文本文件，系统就开始按1秒1行的方式发送。

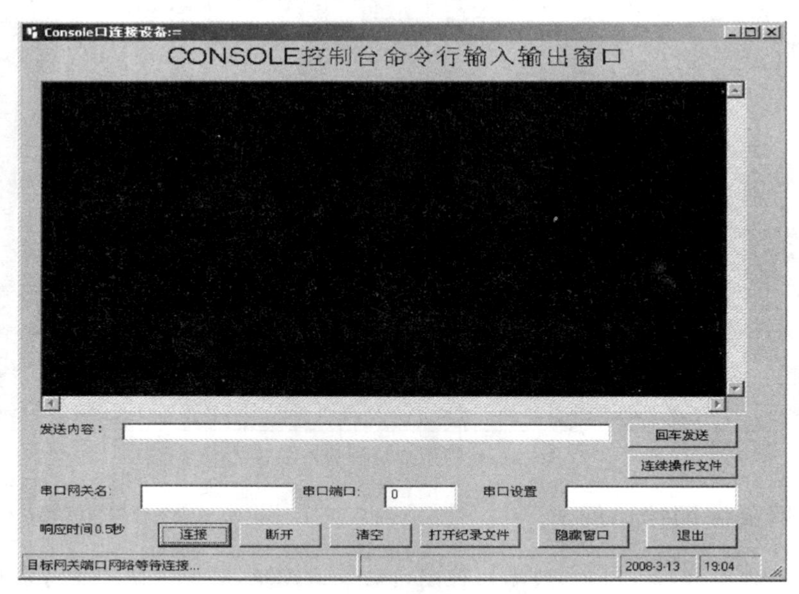

图6　CONSOLE控制台界面

实验十五　2826 交换机的认知及基本操作

一、设备认知

1. 产品概述

ZXR10 2826 交换机属于 ZXR10 2609/2809/2818S/2826S/2852S 系列二层交换机，主要定位于企业网和宽带 IP 城域网的接入层，提供不同数量的以太网端口，适合作为信息化智能小区、商务楼、宾馆、大学校园网和企业网(政务网)的用户侧接入设备或者小型网络的汇聚设备，为用户提供高速、高效、高性价比的接入和汇聚方案。

2. 功能介绍

ZXR10 2609/2809/2818S/2826S/2852S 采用存储转发(Store and Forward)模式，支持线速(Wire-speed)二层交换，所有端口全线速交换。ZXR10 2609/2809/2818S/2826S/2852S 具有以下功能：

(1)支持 MAC 地址自学习能力，MAC 地址表大小为 8KB；

(2)支持端口 MAC 地址捆绑，支持地址过滤；

(3)支持 802.1q 标准的 VLAN，支持私有边界 VLAN，VLAN 数最多为 4094 个，支持 VLAN 堆叠功能；

(4)支持按 DA，SA，VID，TOS/DSCP 来进行优先级划分，支持交换机多队列、固定优先级调度、加权优先级调度和交换机中的端口多队列；

(5)支持 802.1d 标准的生成树(STP)，802.1w 快速生成树(RSTP)和 802.1s 标准的多生成树(MSTP)；

(6)支持 802.3ad 标准的 LACP 端口捆绑，支持端口静态捆绑，支持最多 16 组端口捆绑，每组最多 8 个成员端口；

(7)支持跨 VLAN 的 IGMP snooping；

(8)支持 IPTV 可控组播功能；

(9)支持端口入口镜像、出口镜像；

(10)支持 802.3x 流控(全双工)和背压式流控(半双工)；

(11)支持端口入口和出口带宽限制；

(12)支持单端口环路检测；

(13)支持 VCT 功能和故障线路测试；

(14)提供详细的端口流量统计；

(15)支持广播风暴抑制；

(16)支持网络管理静态路由设置；

(17)支持 802.1x 透传和认证；

(18)支持 syslog 日志功能；

(19)支持 NTP 客户端功能；

(20)支持 GARV/AVRP 动态 VLAN；

(21)支持 Console 配置、Telnet 远程登录、Web 页面访问和 SNMP 网管、ZXNM01 统一网管，支持集群管理技术 ZGMP，支持 Secure shell V2.0；

(22)支持 TFTP 版本上传和下载。

3.组网方式

ZXR10 2609/2809/2818S/2826S/2852S 系列接入交换机的组网方式非常灵活，下面介绍两种典型的组网方式。

(1)工作组级组网方式。

对于企业、部门等工作组级的组网，ZXR10 2609/2809/2818S/2826S/2852S 可以灵活方便地应用于多种网络。ZXR10 2609/2809/2818S/2826S/2852S 提供 8～48 个 10/100Mb/s 接口，并可通过级联方式扩展接口数量；扩展插槽可选择 100Mb/s，1000Mb/s 高速光接口，用于主干网或高速服务器的连接。

典型的组网结构图如图 15-1 所示。

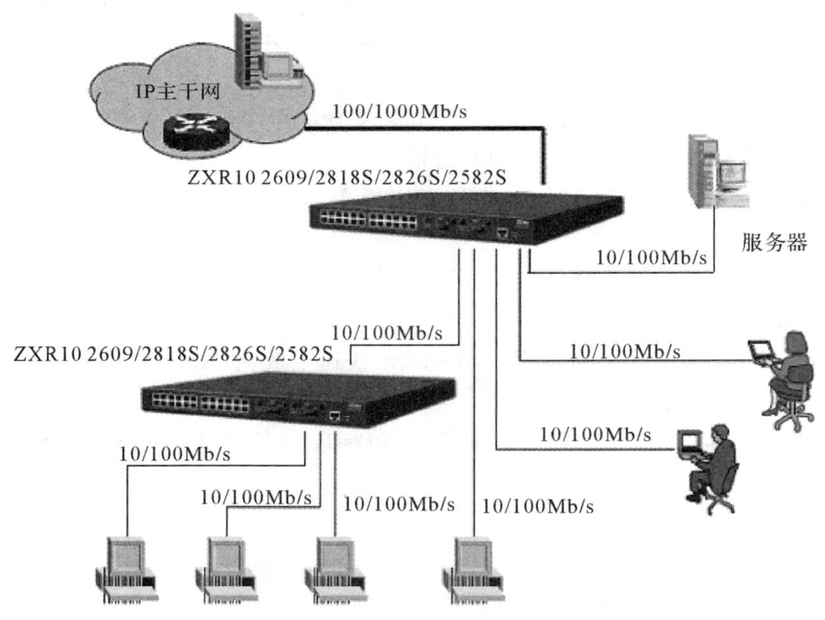

图 15-1　工作组级组网结构图

(2)城域网宽带接入组网方式。

在宽带城域网建设中，ZXR10 2609/2809/2818S/2826S/2852S 可用于小区的接入层或楼宇的汇聚层，直接对用户提供 10/100Mb/s 接入或下带接入层交换机(如 ZXR101816)。利用 ZXR10 2609/2809/2818S/2826S/2852S 灵活的上联端口，可配置 100Mb/s，1000Mb/s 光口上联到小区的汇聚节点，协同 BRAS(宽带接入服务器)、AAA 服务器等网络管理系统，完成信息化小区宽带业务网的组建。小区 ZAN(驻地网)设备的管理，可采用带内或带外方式，纳入整个城域网的网络管理系统或在小区内部自行设立网络管理和业务管理系统。

典型的组网结构图如图 15 - 2 所示。

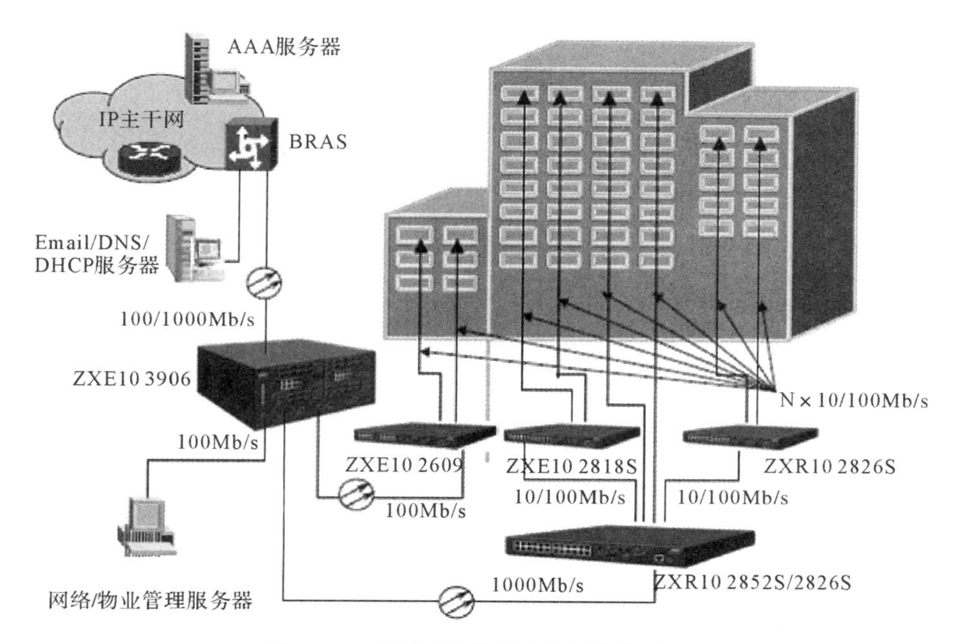

图 15 - 2　城域网宽带接入组网结构图

二、实验目的

(1)学习对交换机的端口进行基本配置,能够查看所配置的内容。

(2)学会重新设置密码(包括 enable 密码以及 Telnet 的用户名和密码)和在交换机上查看日志内容。

(3)增加对 2826 交换机基本了解,能够对 2826 交换机进行基本配置。

三、实验内容

通过 CCS2000 队列选择连接到 2826 交换机,对 2826 交换机进行配置,配置 2826 交换机端口以及查看配置信息,设置 2826 交换机密码,包括 enable 密码以及 Telnet 的用户名和密码,查看日志。

四、实验设备

2826 交换机:1 台。

PC:1 台。

五、实验拓扑图

本实验拓扑图如图 15 - 3 所示。

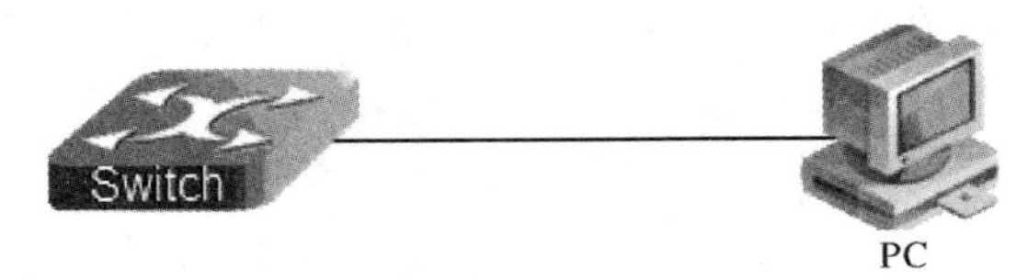

图 15-3　实验拓扑图

六、配置步骤

1. 初始操作配置

ZXR10 2826 加电启动，进行系统的初始化，进入配置模式进行操作。可以看到如下信息：

Welcome！
ZTE Corporation.
All rights reserved.
login：admin
password：* * * * * * * * *

系统启动成功后，出现提示符“login：”，要求输入登录用户名和密码，缺省用户名是“admin”，密码是“zhongxing”。输入后回车，出现如下提示符：

zte>

此时已经进入 ZXR10 2826 用户模式。在提示符后面输入“enable”，并根据提示输入密码（出厂配置没有密码），进入全局配置模式，提示符如下：

zte(cfg)#

此时可对交换机进行各种配置。

2. 查看配置及日志操作

在所有模式下均可以查看交换机的配置。执行 show running-config 命令将会看到系统的全部配置（删除文件系统下的 RUNNING. CFG 文件，重启设备可恢复到缺省的配置）。下面是缺省的配置下命令执行后的部分情况：

```
zte(cfg)#show running-config
Software version: 1.1
Switch's Mac Address: 00.d0.d0.fc.19.47
!
syslocation No.68_Zijinghua_Road,Yuhuatai_District,Nanjing,CHINA
create user admin
loginpass B612AD6F2259089A79740AD7CB5A38BF
line-vty timeout 10
!
set port 26 auto disable
!
set vlan 1 add port 1-24,26 untag
set vlan 1 add trunk 1-7 untag
!
```

```
  create community public public
  create view zteView include 1.3.6.1
  set community public view zteView
!
  set ztp vlan 1
!
  set syslog level informational……
```

在全局配置模式下，使用 saveconfig 命令来保存配置信息。

要查看终端的监控和交换机日志信息，可执行如下操作：

```
zte(cfg)# show terminal          //所有可以使用 show 命令的模式下都可以使用此命令，用于查看
                                 //monitor和 log 的 on/off 状态
zte(cfg)# show terminal log      //所有可以使用 show 命令的模式下都可以使用此命令，用于查
                                 //看系统告警信息，以及配置命令
```

3. 端口基本配置和端口信息查看

下面在 ZXR10 2826 上，对端口基本参数进行配置，如自动协商、双工模式、速率、流量控制等，端口参数的配置在全局配置模式下进行。

```
zte(cfg)# set port 1 disable                       //关闭端口 1
zte(cfg)# set port 1 enable                        //使能端口 1
zte(cfg)# set port 1 auto disable                  //关闭端口 1 的自适应功能
zte(cfg)# set port 1 duplex full                   //设置端口 1 的工作方式为全双工
zte(cfg)# set port 1 speed 10                      //设置端口 1 的速率为 10Mb/s
zte(cfg)# set port 1 flowcontrol disable           //关闭端口 1 的流量控制
zte(cfg)# create port 1 name updown                //为端口 1 创建描述名称 updown
zte(cfg)# set port 1 descRIPtion up_to_router      //为端口 1 添加描述 up_to_router
```

使用 show 命令可以查看端口的相关信息。例如：

```
zte(cfg)# show port 1                              //显示端口 1 的配置和工作状态
zte(cfg)# show port 1 statistics                   //显示端口 1 的统计数据
```

七、验证方法

退出并重新登录，验证密码配置是否正确。其他的可通过 show 命令查看。

实验十六　3928 交换机的认知及基本操作

一、知识准备

1. 产品概述

ZXR10 3928 是属于中兴通讯自主研发的 ZXR10 3900/3200 系列智能快速以太网交换机。ZXR10 3900/3200 系列智能快速以太网交换机包括 ZXR10 3906，ZXR10 3952，ZXR10 3928，ZXR10 3206，ZXR10 3252，ZXR10 3228，其中 ZXR10 3906，ZXR10 3952 和 ZXR10 3928 称为 ZXR10 3900；ZXR10 3206，ZXR10 3252 和 ZXR10 3228 称为 ZXR10 3200。ZXR10 3200 可用于城域网的汇聚层或者接入层，ZXR10 3900 可作为大型企业网、园区网的汇聚三层交换机。

ZXR10 3900/3200 提供快速以太网、千兆以太网等接口，其中 ZXR10 3900 支持所有端口 L2/L3 线速转发，ZXR10 3200 没有三层功能，支持所有端口 L2 线速转发，能够满足日益增长的带宽要求。ZXR10 3900 还支持多种单播和组播路由协议。

随着网络的发展，数据网上承载的业务种类越来越多，这对网络设备的服务质量保证、安全等方面都提出了更高的要求。ZXR10 3900/3200 在 QoS 和 ACL 方面提供了丰富的策略和资源，保证了服务质量和系统安全。

ZXR10 3900/3200 具有以下特点：

(1)电信级的可靠性。

(2)全线速的转发和过滤能力。

(3)丰富的网络协议支持。

(4)开放的体系架构，支持很好的升级能力。

2. 功能介绍

ZXR10 3906/3952/3928 实现了全线速的二、三层交换功能，广泛支持多种协议，提供各种功能；ZXR10 3206/3252/3228 实现了全线速的二层交换功能，支持多种二层协议。

(1)物理端口。

· 支持端口速率、双工模式、自适应等的配置。

· 支持 IEEE 802.3x 流控(全双工)和背压式流控(半双工)。

· 支持端口镜像。

· 支持广播风暴抑制。

· 支持线路诊断分析测试。

(2) VLAN。

· 支持基于端口、协议、子网的 VLAN。

· 支持 IEEE 802.1Q,VLAN 数最多为 4094 个。
· 支持 PVLAN。
· 支持 VLAN 双层标签。
· 支持 SuperVLAN。

(3)二层协议。

· 支持 STP,RSTP 和 MSTP。
· 支持静态 Trunk 和 LACP。
· 支持 IGMP Snooping。

(4)路由协议。

· 支持静态路由和 RIP v1/v2,OSPF,IS-IS,BGP 等单播协议。
· 支持 IGMP v1/v2,PIM-SM,MSDP 等组播协议。

(5)ACL。

· 支持基本 ACL、扩展 ACL、二层 ACL 和混合 ACL。
· 支持 ACL 时间段限制。

(6)QoS。

· 支持 802.1p 优先级。
· 支持 SP 和 WRR 队列调度方式。
· 支持流量监管和流量整形。
· 支持基于流的出口重定向。
· 支持流镜像和流量统计。

(7)接入认证。

· 支持 RADIUS Client。
· 支持 802.1X 认证。
· 支持 DHCP Relay 和 DHCP Server。

(8)可靠性。

· 支持 VRRP。
· 支持路由负荷分担。

(9)网管。

· 支持命令行(CLI)配置方式。
· 支持通过 Console 口、Telnet、SSH 进行配置。
· 支持 SNMP 和 RMON。
· 支持中兴通讯 ZXNM01 统一网管系统。

二、实验目的

(1)对交换机的端口进行基本配置,能够查看所配置的内容。

(2)学会重新设置密码(包括 enable 密码以及 Telnet 的用户名和密码)和在交换机上查看日志内容。

(3)增加对 3928 交换机基本了解,能够对 3928 交换机进行基本配置。

三、实验内容

通过 CCS2000 连接到 3928 交换机，对 3928 交换机进行配置，配置 3928 交换机端口以及查看配置信息，设置 3928 交换机密码（包括 enable 密码以及 Telnet 的用户名和密码），查看日志。

四、实验设备

3928 交换机：1 台。
PC：1 台。

五、实验拓扑图

本实验的拓扑图如图 16－1 所示。

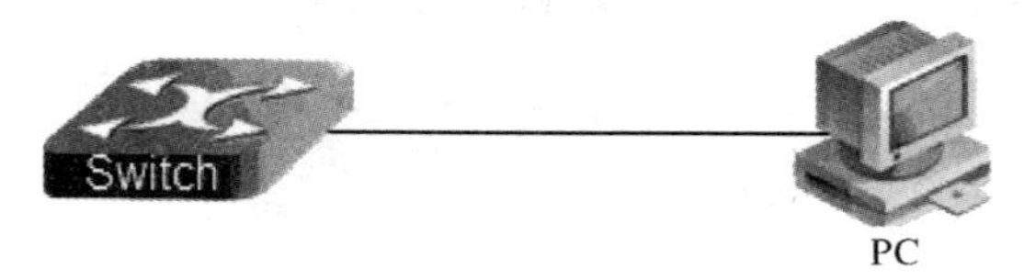

图 16－1　实验拓扑图

六、配置步骤

1. 串口操作配置

ZXR10 3928 加电启动，进行系统的初始化，进入配置模式进行操作。可以看到如下信息：

```
****************************************
Welcome to ZXR10 Fast and Intelligent 3928 Switch of ZTE Corporation
****************************************
ZXR10>
```

此时已经进入 ZXR10 3928 配置界面。在提示符后面输入“enable”，并根据提示输入特权模式密码（出厂配置为 zxr10），进入特权模式，提示符如下：

```
ZXR10#
```

此时可对交换机进行各种配置。

2. 查看配置及日志操作

要查看交换机的配置，必须进入特权模式。在特权模式下执行 running-config 命令将会看到系统的全部配置，下面是命令执行后的部分情况：

```
ZXR10#show running-config
Building configuration...
Current configuration:
!
version V4.6.02
!
enable secret 5 RcMLuUKvnFZX9kNAV6A/UA==
```

```
!
nvram mng-IP-address 172.1.1.3 255.255.0.0
…….
```

要查看交换机的日志，可执行如下操作：

```
ZXR10＃show logfile            //在所有可以使用 show 命令的模式下都可以使用此命令，用
                               //于查看交换机上的所有操作
ZXR10＃show logging alarm      //在所有可以使用 show 命令的模式下都可以使用此命令，用
                               //于查看系统告警信息，还可配置具体的参数来查看某日某一
                               //等级的告警信息
```

3. 设置密码操作

由于在特权模式下可以对设备进行全部功能的操作，所以 enable 密码非常重要，设备在实际应用中都要求修改 enable 密码，具体示例如下：

```
ZXR10>enable                          //进入特权模式
ZXR10＃configure terminal             //进入全局配置模式
ZXR10(config)＃enable secret abcdefg  //配置 enable 密码为 abcdefg
```

为了便于对设备的维护，需要设置设备的 Telnet 用户名和密码，配置如下：

```
ZXR10(config)＃username zxr10 password zxr10   //全局模式下，配置一个用户名和密码都是
                                               //zxr10 的用户
ZXR10＃who                                     //查看当前用户
Line      User       Host(s)            Idle       Location
* 0con 0             idle              00:00:00
ZXR10＃show username        //查看配置的用户信息：可显示用户名及密码
Username           Password
zxr10              zxr10
```

4. 端口基本配置

端口参数的配置在端口配置模式下进行，主要包括以下内容。

(1)进入端口配置模式。

```
interface
```

(2)关闭/打开以太网端口。

```
shutdown/no shutdown
```

(3)使能/关闭以太网端口自动协商。

```
negotiation auto/ no negotiation auto
```

(4)设置以太网端口双工模式。

```
duplex
```

(5)设置以太网端口速率。

```
speed
```

(6)设置以太网端口流量控制。

```
flowcontrol
```

以太网端口使用流量控制抑制一段时间内发送到端口的数据包。当接收缓冲器满时，端口发送一个“pause”包，通知远程端口在一段时间内暂停发送更多的数据包。以太网端口还能接收来自其他设备的“pause”包，并按照这个数据包的规定执行操作。

(7)允许/禁止巨帧通过以太网端口。

jumbo-frame

(8)端口别名。

byname

设置端口别名的目的是为了区分各个端口,方便记忆。对端口进行操作时可以用别名代替端口名称。

(9)设置以太网端口广播风暴抑制。

broadcast-limit

可以设制以太网端口允许通过的广播流量的大小。当广播流量超过用户设置的值时,系统对广播流量作丢弃处理,使广播流量降低到合理的范围,从而有效地抑制广播风暴,避免网络拥塞,保证网络业务的正常运行。广播风暴抑制以设置的速率作为参数,速率越小,表示允许通过的广播流量越小。当设置的速率为100Mb/s时,表示不对该端口进行广播风暴抑制。

七、验证方法

退出重新登录,验证密码配置是否正确。其他的可通过 show 命令查看。

实验十七　1822路由器的认知及基本操作

一、知识准备

ZXR10 1822路由器属于ZXR10 ZSR系列智能集成多业务路由器。ZXR10 ZSR系列智能集成多业务路由器融合了路由器、防火墙、入侵防御、VPN网关、语音网关、宽带接入网关、二层交换机、无线接入等设备的功能，充分适应网络集成一体化的组网要求，并能根据应用环境的特点灵活地实现多种设备功能与业务的组合。

ZXR10 ZSR系列产品具备完善的路由、MPLS、VPN、组播、语音、安全、QoS、IPv6、宽带接入、三网合一等业务能力，所有业务均需要针对企业核心环境进行优化设计。

ZXR10 GAR/ZSR面向企业网络和运营商网络的接入层，为了满足用户不同的需求，将主处理器底板、处理器子卡、线路接口模块完全分离，实现真正的模块化结构。

二、实验目的

(1)学习对路由器的端口进行基本配置;能够查看所配置的内容，查看所配置的端口信息。

(2)学会重新设置密码(包括enable密码以及Telnet的用户名和密码)，在GAR路由器上查看日志内容，配置路由并查看当前路由信息。

(3)学会查看接口统计信息。通过本实验，对GAR路由器基本了解，能够对GAR路由器进行基本配置。

三、实验内容

通过CCS2000连接到GAR路由器，对路由器进行配置，配置路由器端口以及查看配置信息，设置路由器密码，查看日志，查看路由表信息，以及查看接口统计信息。

四、实验设备

GAR路由器:1台。

PC:1台。

五、实验拓扑图

本实验的拓扑图如图17-1所示。

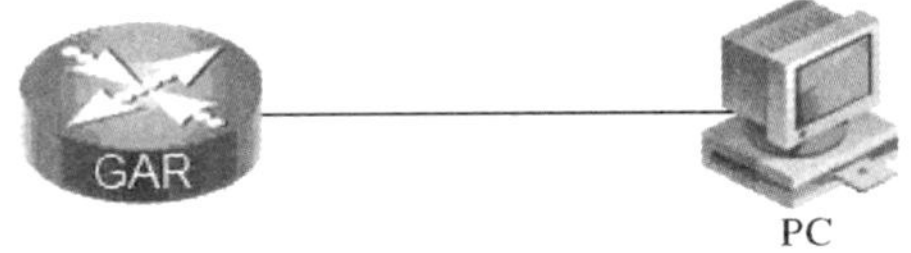

图17-1　实验拓扑图

六、配置步骤

(1)进入 CCS2000 选择路由器设备,确定后即可进入到 GAR 路由器操作界面,出现如下提示时已经登录到 GAR 路由器上。

```
*****************************************
Welcome to ZXR10 General Access Router of ZTE Corporation
*****************************************
GAR >
```

(2)此时已经进入到 GAR 路由器的用户模式。在用户模式下输入“enable”,然后回车,要求输入特权密码,再输入密码(出厂默认密码是 zxr10)后,则进入路由器的特权模式。在特权模式下,已经可以查看路由器的各种信息。

(3)对路由器的端口进行配置,就必须进入路由器的全局模式。输入 configure terminal 命令进入全局模式。

(4)端口配置,主要命令如下:

```
arp                  Set ARP timeout
backup               Backup a line
clear                Clear MAC binding
custom-queue-list    Assign a custom queue list to an interface
descRIPtion          Interface specific descRIPtion
dhcp                 Set dhcp configure.
duplex               Configure duplex operation
end                  Exit to EXEC mode
exit                 Exit from interface configuration mode
h323-gateway         Configure H323 Gateway
interface            Set an interface characters
IP                   Interface Internet Protocol config commands
isis                 ISIS interface commands
keepalive            Keepalive period (default 10 seconds)
load-interval        Set the interface statistics interval
mpls                 Configure MPLS interface parameters
no                   Negate a command or set its defaults
peer                 Peer parameters for interfaces
priority-group       Assign a priority group to an interface
rate-limit           Rate Limit
rmon                 Remote Monitoring
set                  Binding MAC address
shutdown             Shutdown the selected interface
speed                Configure speed operation
user-interface       User interface
vrrp                 VRRP interface configuration commands
```

各个命令都有相应的描述信息,其中 IP 命令主要是进行与 IP 协议有关的一些配置。对端口配置地址的命令示例如下:

```
GAR(config)#interface fei_2/1
GAR (config-if)#IP address 192.168.10.254 255.255.255.0
GAR (config-if)#descRIPtion ZTE    //接口描述信息
```

在 V2.6 以后的版本可以在全局模式下查看当前端口的配置情况以及路由器当前的配置信息。命令如下：

```
GAR(config)#show  running-config  //查看当前路由器配置信息
```

(5)密码设置。

特权模式密码的设置使用如下命令：

```
GAR(config)#enable secret zte  //其中 zte 为要设置的密码
```

Telnet 用户名和密码的设置：

```
GAR(config)#username zte password zte  //将 Telnet 的用户名和密码都设置为 zte
```

注：enable 密码在 show running-connfig 时是看不到的，而 Telnet 的用户名和密码在 show running-connfig 可以看到。

(6)查看日志。

在特权模式下使用下面的命令可以查看日志文件：

```
GAR#show logging alarm  //此命令查看所有的告警信息
GAR#show loggfile  //此命令查看所有的配置此路由器的历史命令
```

(7)查看路由表。

在特权模式下使用下面命令可以查看路由表：

```
GAR#show IP route
```

IPv4 Routing Table:

Dest	Mask	GW	Interface	Owner	Pri	Metric
10.40.76.0	255.255.252.0	10.40.76.100	fei_2/1.1	direct	0	0
10.40.76.100	255.255.255.255	10.40.76.100	fei_2/1.1	address	0	0
10.50.76.0	255.255.252.0	10.50.76.20	fei_2/1.2	direct	0	0
10.50.76.20	255.255.255.255	10.50.76.20	fei_2/1.2	address	0	0
192.168.0.0	255.255.255.252	192.168.0.13	fei_2/1	OSPF	110	2
192.168.0.4	255.255.255.252	192.168.0.13	fei_2/1	OSPF	110	2
192.168.0.12	255.255.255.252	192.168.0.14	fei_2/1	direct	0	0
192.168.0.14	255.255.255.255	192.168.0.14	fei_2/1	address	0	0
192.168.1.1	255.255.255.255	192.168.0.13	fei_2/1	OSPF	110	3
192.168.1.2	255.255.255.255	192.168.0.13	fei_2/1	OSPF	110	2
192.168.1.3	255.255.255.255	192.168.0.13	fei_2/1	OSPF	110	3
192.168.1.4	255.255.255.255	192.168.1.4	loopback1	address	0	0

注：Dest 是 Destination 的缩写，指路由的目的地址；Mask 是掩码信息；GW 是网关(GateWay)的缩写，指到达目的地址经由的网关地址；Interface 指到达目的地址路经由的接口；Owner 指此路由的特性，例如 direct 表示是直连的，address 表示此条路由是一条地址，OSPF 则表示这是一条通过 OSPF 协议学习到的路由；Pri 表示此条路由的优先级；Metric 表示此条路由的管理距离。

(8)查看接口统计。

在特权模式下使用下面命令可以查看接口统计信息：

```
GAR(config)#show interface                          //查看所有端口信息
GAR(config)#show interface  fei_2/1                 //查看端口 fei_2/1 的信息
fei_2/1 is up, line protocol is up                  //表示端口和协议都是 UP 的
MAC address is 00d0.d0c0.b740                       //表示此接口的 MAC 地址
duplex full                                         //表示此端口是全双工
Internet address is 192.168.0.14/30                 //端口的 IP 地址
DescRIPtion is none                                 //端口的描述信息
MTU 1500 bytes  BW 100000 Kbits                     //MTU 值以及端口的带宽是 100Mb/s
Last clearing of "show interface" counters never
120 seconds input  rate      22 Bps,    0 pps       //端口 120s 内输入速率
120seconds output rate       19 Bps,    0 pps       //端口 120s 内输出峰值速率
Interface peak rate: input  6750 Bps, output 6737 Bps
                                                    //端口输入峰值速率和输出峰值速率
Interface utilization: input        0%,     output       0%
Input:
Packets: 71994          Bytes: 4748984              //输入包的个数和字节数
Unicasts: 45613         Multicasts: 26378     Broadcasts: 3
                                                    //不同大小的包的分类统计
64B: 28239              65-127B: 42872        128-255B: 669
256-511B: 153           512-1023B: 59         1024-1518B: 0
Undersize: 0            Oversize: 0           CRC-ERROR: 0
                                                      //CRC 循环冗余校验
Output:
Packets: 64296                   Bytes: 4328701     //输出包的个数和字节数
Unicasts: 37281  Multicasts: 26858  Broadcasts: 157 //不同大小的包的分类统计
64B: 22347              65-127B: 41085        128-255B: 387
256-511B: 253           512-1023B: 222        1024-1518B: 0
Oversize: 0
```

实验十八　2826 交换机 VLAN 配置

一、知识准备

VLAN(Virtual Local Area Network)协议是二层交换设备的一个基本协议，它使管理员能够把一个物理的局域网划分为多个“虚拟局域网”。每个 VLAN 都有一个 VLAN 标识号(VLAN ID)，在整个局域网中唯一地标识该 VLAN。多个 VLAN 共享物理局域网的交换设备和链路。每个 VLAN 在逻辑上就像一个独立的局域网，同一个 VLAN 中的所有帧流量都被限制在该 VLAN 中。跨 VLAN 的访问只能通过三层转发，不能直接访问。这样就提高了整个网络的性能，有效地减少了物理局域网上的整体流量。

VLAN 的具体作用体现在：

(1)减少网络上的广播风暴。

(2)增强网络的安全性。

(3)集中化的管理控制。

ZXR10 2609/2809/2818S/2826S/2852S 支持 tagged-based VLAN，即基于标签的 VLAN，这是 IEEE 802.1Q 定义的方式，是通用的工作方式。这种模式下 VLAN 的划分基于端口的 VLAN 信息(PVID：port VLAN ID)或者 VLAN 标签中的信息。

二、实验目的

掌握 2826 二层系列交换机产品 VLAN 的配置和使用。

三、实验内容

VLAN 业务的配置。

四、实验设备

2826 交换机：2 台。

PC：4 台。

五、实验拓扑图

本实验的拓扑图如图 18－1 所示。

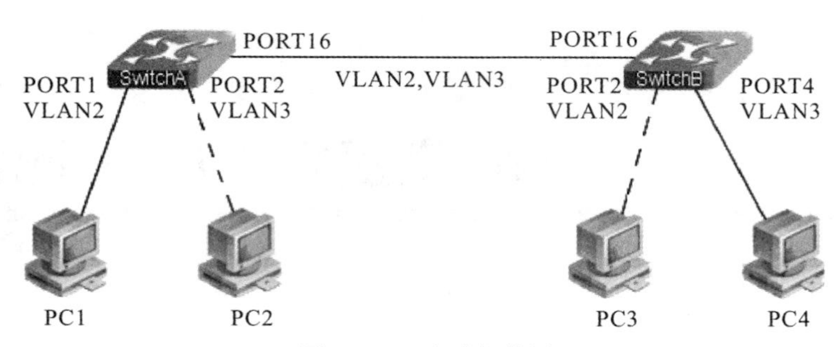

图 18-1 实验拓扑图

交换机 A 和交换机 B 通过端口 16 相连，交换机 A 的端口 1 与交换机 B 的端口 2 是 VLAN2 的成员，交换机 A 的端口 2 与交换机 B 的端口 4 是 VLAN3 的成员。(注：两台 PC 也可以进行验证，对 VLAN 进行相应配置即可。)

六、配置步骤

交换机 A 的具体配置如下：

```
zte(cfg)# set vlan 2 add port 16 tag       //在 VLAN 2 中加入端口 16,并打 tag
zte(cfg)# set vlan 2 add port 1 untag      //在 VLAN 2 中加入端口 1,不打 tag
zte(cfg)# set vlan 3 add port 16 tag       //在 VLAN 3 中加入端口 16,并打 tag
zte(cfg)# set vlan 3 add port 2 untag      //在 VLAN 3 中加入端口 2,不打 tag
zte(cfg)# set port 1 pvid 2                //设置端口 1 的 PVID 为 2
zte(cfg)# set port 2 pvid 3                //设置端口 2 的 PVID 为 3
zte(cfg)# set vlan 2-3 enable              //使能 VLAN 2 和 VLAN 3
```

交换机 B 的具体配置如下：

```
zte(cfg)# set vlan 2 add port 16 tag       //在 VLAN 2 中加入端口 16,并打 tag
zte(cfg)# set vlan 2 add port 2 untag      //在 VLAN 2 中加入端口 2,不打 tag
zte(cfg)# set vlan 3 add port 16 tag       //在 VLAN 3 中加入端口 16,并打 tag
zte(cfg)# set vlan 3 add port 4 untag      //在 VLAN 3 中加入端口 4,不打 tag
zte(cfg)# set port 2 pvid 2                //设置端口 2 的 PVID 为 2
zte(cfg)# set port 4 pvid 3                //设置端口 4 的 PVID 为 3
zte(cfg)# set vlan 2-3 enable              //使能 VLAN 2 和 VLAN 3
```

七、验证方法

PC1 和 PC3 能互通。

PC2 和 PC4 能互通。

PC1 和 PC4 不能互通，PC2 和 PC3 不能互通。

同一 VLAN 下的设备可以互通，不同 VLAN 下的设备不能互通；通过端口打 tag 可以传递多个 VLAN 信息。以上实验使用了二次交换机的端口隔离功能。

实验十九　2826 交换机链路聚合配置

一、知识准备

LACP(Link Aggregation Control Protocol)即链路聚合控制协议，是 IEEE 802.3ad 描述的标准协议。链路聚合(Link Aggregation)是指将具有相同传输介质类型、相同传输速率的物理链路段“捆绑”在一起，在逻辑上看起来好像是一条链路。链路聚合又称中继(Trunking)，它允许交换机之间或交换机和服务器之间的对等的物理链路同时成倍地增加带宽。因此，它在增加链路的带宽、创建链路的传输弹性和冗余等方面是一种很重要的技术。

聚合的链路又称干线(Trunk)。如果 Trunk 中的一个端口发生堵塞或故障，那么数据包会被分配到该 Trunk 中的其他端口上进行传输。如果这个端口恢复正常，那么数据包将被重新分配到该 Trunk 中所有正常工作的端口上进行传输。除 ZXR10 2852S 最多支持 16 个聚合组外，其他型号的交换机最多支持 8 个聚合组，每个聚合组参与聚合的端口不超过 8 个。参与聚合的端口应具有相同的传输介质类型、相同的传输速率。

二、实验目的

掌握 2826 交换机链路聚合的配置和使用。

三、实验内容

2826 交换机静态聚合和 LACP 动态聚合的配置。

四、实验设备

2826 交换机：2 台。

PC：4 台。

五、实验拓扑图

本实验的拓扑图如图 19－1 所示。

交换机 A 和交换机 B 通过聚合端口相连(将端口 15 和端口 16 捆绑而成)，交换机 A 的端口 1 与交换机 B 的端口 2 是 VLAN2 的成员，交换机 A 的端口 2 与交换机 B 的端口 4 是 VLAN3 的成员。(注：两台 PC 也可以进行验证实验，只须对 VLAN 进行相应改变。)

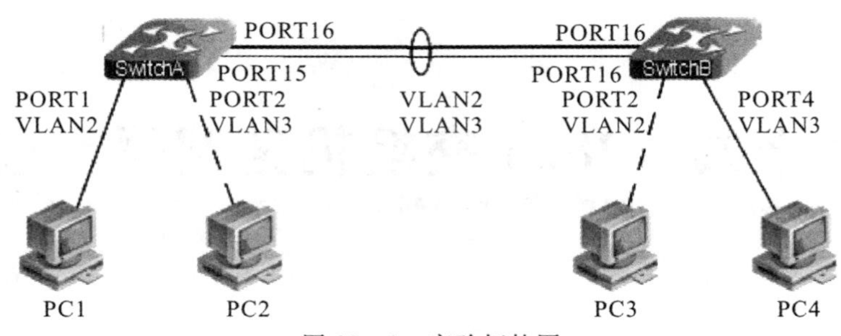

图 19-1 实验拓扑图

六、配置步骤

1. 静态聚合

交换机 A 的具体配置如下：

```
zte(cfg)#set lacp enable                                //使能 LACP 功能
zte(cfg)#set lacp aggregator 3 add port 15-16           //在 LACP 3 中加入端口 15 和 16
zte(cfg)#set lacp aggregator 3 mode static              //设置 LACP 3 的聚合模式为静态
zte(cfg)#set vlan 2 add trunk 3 tag                     //在 VLAN 2 中加入 trunk 3,并打 tag
zte(cfg)#set vlan 2 add port 1 untag                    //在 VLAN 2 中加入端口 1,不打 tag
zte(cfg)#set vlan 3 add trunk 3 tag                     //在 VLAN 3 中加入 trunk 3,并打 tag
zte(cfg)#set vlan 3 add port 2 untag                    //在 VLAN 3 中加入端口 2,不打 tag
zte(cfg)#set port 1 pvid 2                              //设置端口 1 的 PVID 为 2
zte(cfg)#set port 2 pvid 3                              //设置端口 3 的 PVID 为 3
zte(cfg)#set vlan 2-3 enable                            //使能 VLAN 2 和 3
```

交换机 B 的具体配置如下：

```
zte(cfg)#set lacp enable                                //使能 LACP 功能
zte(cfg)#set lacp aggregator 3 add port 15-16           //在 LACP 3 中加入端口 15 和 16
zte(cfg)#set lacp aggregator 3 mode static              //设置 LACP 3 的聚合模式为静态
zte(cfg)#set vlan 2 add trunk 3 tag                     //在 VLAN 2 中加入 trunk 3,并打 tag
zte(cfg)#set vlan 2 add port 2 untag                    //在 VLAN 2 中加入端口 2,不打 tag
zte(cfg)#set vlan 3 add trunk 3 tag                     //在 VLAN 3 中加入 trunk 3,并打 tag
zte(cfg)#set vlan 3 add port 4 untag                    //在 VLAN 3 中加入端口 4,不打 tag
zte(cfg)#set port 2 pvid 2                              //设置端口 2 的 PVID 为 2
zte(cfg)#set port 4 pvid 3                              //设置端口 4 的 PVID 为 3
zte(cfg)#set vlan 2-3 enable                            //使能 VLAN2 和 VLAN3
```

2. 动态聚合

交换机 A 的具体配置如下：

```
zte(cfg)#set lacp enable                                //使能 LACP 功能
zte(cfg)#set lacp aggregator 3 add port 15-16           //在 LACP 3 中加入端口 15 和 16
zte(cfg)#set lacp aggregator 3 mode dynamic             //设置 LACP 3 的聚合模式为动态
zte(cfg)#set vlan 2 add trunk 3 tag                     //在 VLAN 2 中加入 trunk 3,并打 tag
zte(cfg)#set vlan 2 add port 1 untag                    //在 VLAN 2 中加入端口 1,不打 tag
zte(cfg)#set vlan 3 add trunk 3 tag                     //在 VLAN 3 中加入 trunk 3,并打 tag
```

```
zte(cfg)# set vlan 3 add port 2 untag          //在 VLAN 3 中加入端口 2,不打 tag
zte(cfg)# set port 1 pvid 2                     //设置端口 1 的 PVID 为 2
zte(cfg)# set port 2 pvid 3                     //设置端口 3 的 PVID 为 3
zte(cfg)# set vlan 2-3 enable                   //使能 VLAN 2 和 VLAN 3
```

交换机 B 的具体配置如下：

```
zte(cfg)# set lacp enable                       //使能 LACP 功能
zte(cfg)# set lacp aggregator 3 add port 15-16  //在 LACP 3 中加入端口 15 和 16
zte(cfg)# set lacp aggregator 3 mode dynamic    //设置 LACP 3 的聚合模式为动态
zte(cfg)# set vlan 2 add trunk 3 tag            //在 VLAN 2 中加入 trunk 3,并打 tag
zte(cfg)# set vlan 2 add port 2 untag           //在 VLAN 2 中加入端口 2,不打 tag
zte(cfg)# set vlan 3 add trunk 3 tag            //在 VLAN 3 中加入 trunk 3,并打 tag
zte(cfg)# set vlan 3 add port 4 untag           //在 VLAN 3 中加入端口 4,不打 tag
zte(cfg)# set port 2 pvid 2                     //设置端口 2 的 PVID 为 2
zte(cfg)# set port 4 pvid 3                     //设置端口 4 的 PVID 为 3
zte(cfg)# set vlan 2-3 enable                   //使能 VLAN 2 和 VLAN 3
```

七、验证方法

PC1 和 PC2 不能互通，PC1 和 PC3 互通，PC2 和 PC4 互通；当拔掉交换机 A 的 15 或 16 端口时，PC1 和 PC3、PC2 和 PC4 还可以互通。同时，可通过相关命令显示 LACP 的配置信息和聚合结果，下面的命令可在所有模式下运行。

```
show lacp                    //显示 LACP 的配置信息
show lacp aggregator 3       //显示 LACP 聚合组聚合信息
show lacp port 15-16         //显示 LACP 参与聚合的端口信息
```

链路聚合形成的新的逻辑端口和交换机普通的端口一样，可以打 tag 或不打 tag，链路聚合有增加上行带宽和链路备份的作用。

实验二十　2826交换机STP配置

一、知识准备

STP(生成树协议)应用于有环路的网络,通过一定的算法得到一条通路,并阻断冗余路径,将环路网络修剪成无环路的树型网络,从而避免报文在环路网络中的增生和无限循环。当这条通路正常工作时,其余路径是关闭的;当这条通路出现故障时,将重新进行计算得到一条新的通路。

RSTP(快速生成树协议)在STP的基础上增加了端口可以快速由Blocking状态转变为Forwarding状态的机制,加快了拓扑的收敛速度。

MSTP(多生成树协议)是在RSTP和STP基础上,增加对带有VLAN ID的帧转发的处理。整个网络拓扑结构可以规划为总生成树CIST,分为CST(主干生成树)和IST(区域生成树),如图20-1所示。

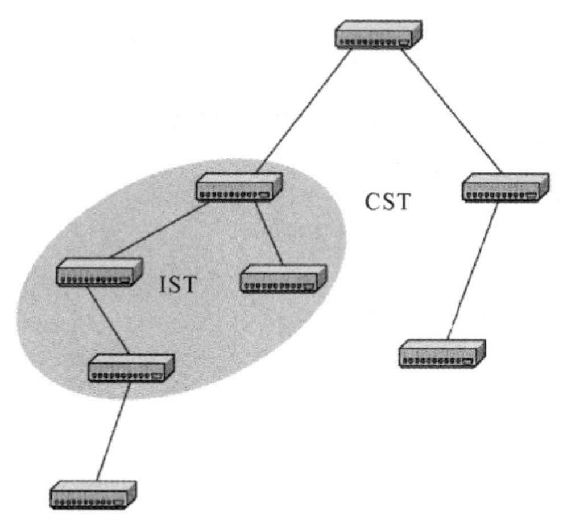

图20-1　网络拓扑结构图

在整个多生成树的拓扑结构中,可以把一个IST看作一个单个的网桥(交换机),这样就可以把CST作为一个RSTP生成树来进行配置信息(BPDU)的交互。在一个IST区域内可以创建多个实例,这些实例只在本区域内有效。可以把每一个实例等同于一个RSTP生成树,不同的是还要与区域外的网桥进行BPDU的交互。

用户在创建某个实例时,必须将一个或多个VLAN ID划入此实例中。IST区域内的网桥上属于这些VLAN的端口通过BPDU的交互,最终构成一个生成树结构(每个实例对应一个生成树结构)。

这样,该区域内的网桥在转发带有这些 VLAN ID 的数据帧时,将根据对应实例的生成树结构进行转发。对于要转发到该区域外的数据帧,无论它带有何种 VLAN ID,均按照 CST 的 RSTP 生成树结构进行转发。

与 RSTP 相比,MSTP 的优点在于:在某个 IST 区域中,可以按照用户设定的生成树结构对带有某个 VLAN ID 的数据帧进行转发,并保证不会造成环路。

二、实验目的

掌握 2826 交换机 STP,RSTP,MSTP 的配置,熟悉相关配置命令。

三、实验内容

STP,RSTP,MSTP 业务的配置。

四、实验设备

2826 交换机:3 台。
PC:2 台。

五、实验拓扑图

本实验的拓扑图如图 20－2 所示。

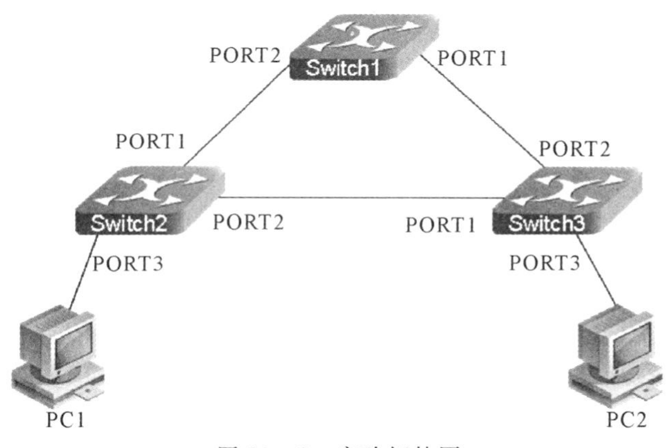

图 20－2　实验拓扑图

3 台 2826 交换机使用端口 1 和端口 2 连接成为环网。交换机 2826-2 和交换机 2826-3 使用端口 3 分别连接一台 PC。

六、配置步骤

(1)3 台设备间运行标准生成树协议,配置各设备的生成树参数,使 2826-1 成为根网桥。观察设备能否根据配置的参数修剪环路,完成生成树。

(2)断开 2826-1 和 2826-2 之间的链路,观察设备是否可自动完成网络拓扑的重构。

(3)3 台设备间运行快速生成树协议,使 2826-1 成为根网桥。

(4)断开 2826-1 和 2826-2 之间的链路,观察设备是否可自动完成网络拓扑的重构。

(5)将3台设备间链路设置为VLAN透传(打TAG),并配置5个VLAN:VLAN1～VLAN5。运行MSTP生成树协议,VLAN1和VLAN2建立生成树1,VLAN3和VLAN4建立生成树2,VLAN5建立生成树3。修改各设备的生成树参数,使生成树1和生成树2的根网桥为2826-1,生成树3的根网桥为2826-2。

(6)断开2826-1和2826-2之间的链路,观察生成树1和生成树2是否可自动完成网络拓扑的重构,而VLAN5的业务应不受影响。

1. STP配置

3台2826交换机配置均相同,下面是配置及说明:

```
zte(cfg)#set stp enable                      //使能STP,缺省STP是关闭的
zte(cfg)#set stp forceversion stp            //设置STP的强制类型为stp
```

假定目前2826-1不是根网桥,则在2826-1上执行如下配置:

```
zte(cfg)#set stp instance 0 bridgeprio 4096  //修改实例0的网桥优先级为4096=1*4096,根据需
                                             //要,优先级可设置为i*4096,i=0,1,…,15。
```

优先级值最小的交换机成为根网桥;如果优先级相同,那么MAC小的成为根网桥。

2. RSTP配置

3台2826交换机配置均相同,下面是配置及说明:

```
zte(cfg)#set stp enable                      //使能STP
zte(cfg)#set stp forceversion rstp           //设置STP的强制类型为rstp
```

假定目前2826-1不是根网桥,则在2826-1上执行如下配置:

```
zte(cfg)#set stp instance 0 bridgeprio 4096  //修改实例0的网桥优先级为4096=1*4096,根据需
                                             //要,优先级可设置为i*4096,i=0,…,15
```

3. MSTP配置

3台2826交换机配置大部分相同,2826-2和2826-3中有关端口3的配置(3端口属于VLAN 5)与2826-1的配置不一样。下面是配置及说明:

```
zte(cfg)#set stp enable                      //使能STP
zte(cfg)#set stp forceversion mstp           //设置STP的强制类型为mstp
zte(cfg)#set stp name zte                    //设置MST的区域名称为zte
zte(cfg)#set stp revision 2                  //设置MST的版本号为2
zte(cfg)#set stp instance 1 add vlan 1-2     //在instance 1中加入VLAN 1和VLAN 2
zte(cfg)#set stp instance 2 add vlan 3-4     //在instance 2中加入VLAN 3和VLAN 4
zte(cfg)#set stp instance 3 add vlan 5       //在instance 3中加入VLAN 5
zte(cfg)#set vlan 2-5 enable                 //使能VLAN 2,VLAN 3,VLAN 4和VLAN 5
zte(cfg)#set vlan 2-5 add port 1-2 tag       //在VLAN 2,VLAN 3,VLAN 4和VLAN 5中加入端
                                             //口1和2,并打tag
```

假定目前生成树1和生成树2的根网桥不是2826-1,使用set stp instance <0-15> bridgeprio <0-61440>来修改相应生成树的优先级,使满足要求;同理可使得生成树3的根网桥为2826-2。

七、验证方法

执行上面的配置后,会出现以下现象,可以使用PC互ping来验证:

(1)PC1和PC2互通。

(2)断开链路后,有少量丢包后,PC1 和 PC2 互通。

(3)PC1 和 PC2 互通。

(4)断开链路后,有少量丢包后,PC1 和 PC2 互通。

(5)PC1 和 PC2 互通。

(6)断开链路,PC1 和 PC2 仍然互通,无丢包。

(7)可以使用 show stp instance ＜0-15＞来观察生成树状态。

实验二十一　3928 交换机 VLAN 配置

一、知识准备

ZXR10 3928 三层交换机具有二层交换机的所有功能，也可以配置端口隔离 VLAN。

二、实验目的

掌握三层交换机系列产品 VLAN 的配置和使用。

三、实验内容

VLAN 业务的配置。

四、实验设备

3928 交换机：2 台。
PC：4 台。

五、实验拓扑图

本实验的拓扑图如图 21 - 1 所示。

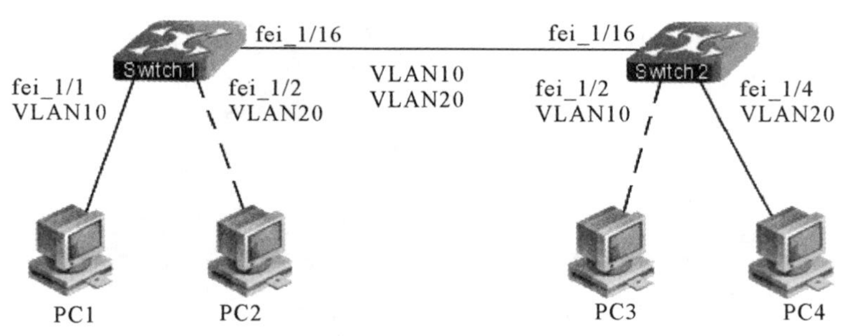

图 21 - 1　实验拓扑图

交换机 3928-1 的端口 fei_1/1 和交换机 3928-2 的端口 fei_1/1 属于 VLAN10；交换机 3928-1 的端口 fei_1/2 和交换机 3928-2 的端口 fei_1/2 属于 VLAN20，均为 Access 端口。两台交换机通过端口 fei_1/16 以 Trunk 方式连接，两端口为 Trunk 端口。（注：两台 PC 也可进行验证，只须对 VLAN 进行相应改变即可。）

六、配置步骤

（1）在交换机 3928-1 上配置 VLAN10 和 VLAN20，VLAN10 的成员包括 fei_1/1 和上行

端口 fei_1/16，VLAN20 的成员包括 fei_1/2 上行端口 fei_1/16。

(2)在交换机 3928-2 上配置 VLAN10 和 VLAN20，VLAN10 的成员包括 fei_1/1 和上行端口 fei_1/16，VLAN20 的成员包括 fei_1/2 和上行端口 fei_1/16。

下面以交换机 3928-1 的配置为例进行说明，交换机 3928-2 的配置可参考交换机 3928-1。

```
ZXR10(config)#vlan 10                      //创建 VLAN10
ZXR10(config-vlan)#exit
ZXR10(config)#vlan 20
ZXR10(config-vlan)#exit
ZXR10(config)#interface fei_1/1            //把端口 fei_1/1 加入 VLAN 10,fei_1/1 模式为 access
ZXR10(config-if)#switchport access vlan 10
ZXR10(config-if)#exit
ZXR10(config)#interface fei_1/16           //把端口 fei_1/16 以 trunk 模式加入 VLAN10,VLAN20
ZXR10(config-if)#switchport mode trunk
ZXR10(config-if)#switchport trunk vlan 10
ZXR10(config-if)#switchport trunk vlan 20
```

七、验证方法

(1)PC1 和 PC2 不能互通，PC3 和 PC4 不能互通。

(2)PC1 和 PC3 互通，PC2 和 PC4 互通。

实验二十二 IP 地址配置

一、知识准备

IP 协议栈中的网络层地址指的就是 IP 地址。一个 IP 地址主要由两部分组成:一部分是标识该地址所属网络的网络位,另一部分是指明该网络上某个特定主机的主机位。

IP 地址分为 A,B,C,D,E 五类,常用的为前三类,D 类地址为网络组播地址,E 类地址保留。每一类 IP 地址的范围见表 22-1。

表 22-1 各类 IP 地址的范围

类别	首部特征位	网络位/b	主机位/b	范 围
A 类	0	8	24	0.0.0.0～127.255.255255
B 类	10	16	16	128.0.0.0～191.255255255
C 类	110	24	8	192.0.00～223.255255255
D 类	1110	组播地址		224.0.0.0～239.255255255
E 类	1111	保留		240.0.0.0～255.255255255

在 A,B,C 三类地址中,有一些地址被保留用于私有网络,建议在建立内部网络时使用私网地址。这些地址是:

A 类:10.0.0.0～10.255.255.255。

B 类:172.16.0.0～172.31.255.255。

C 类:192.168.0.0～192.168.255.255。

这种地址划分方法的初衷是为路由协议的设计提供便利,只从 IP 地址的首部特征位就可以判定属于哪一类网络了。但是这种分类方法使得地址空间无法得到最大限度的利用,随着互联网的急剧膨胀,地址短缺的问题越来越突出。为了更大限度地使用 IP 地址,可将一个网络划分为多个子网。采用借位的方式,从主机位的最高位开始借位作为子网位,主机位的剩余部分仍为主机位。这样 IP 地址的结构就变为三部分:网络位、子网位和主机位。网络位和子网位唯一标识一个网络。使用子网掩码确定 IP 地址中哪些部分属于网络位和子网位,哪些部分属于主机位。子网掩码为“1”的部分对应 IP 地址的网络位和子网位,为“0”的部分对应主机位。

子网的划分大大提高了 IP 地址的利用率,在一定程度上缓解了 IP 地址短缺的问题。关于 IP 地址的规定:

(1)0.0.0.0 在没有 IP 地址的主机启动时使用,通过 RARP,BOOTP,DHCP 来获得地址，在路由表中该地址还用作缺省路由。

(2)255.255.255.255 用于广播的目的地址，不能作源地址。

(3)127.X.X.X 称为环回地址，即使不知道主机的实际 IP 地址，也可用该地址代表“本机”。

(4)仅主机位都为“0”的地址表示该网络本身，主机位都为“1”的地址用作该网络的广播地址。

(5)合法的主机 IP 地址其网络部分或主机部分都不能全“0”或全“1”。

二、实验目的

掌握三层交换机和路由器的 IP 地址配置方法。

三、实验内容

(1)3928 交换机的 IP 地址配置。

(2)1822 路由器的 IP 地址配置。

四、实验设备

3928 交换机：1 台。

1822 路由器：1 台。

五、实验拓扑图

本实验的拓扑图如图 22-1 所示。

图 22-1　实验拓扑图

六、配置步骤

1. 对 3928 交换机进行配置

配置如下：

```
ZXR10(config)# vlan 2                                    //三层交换机配置 IP 是配置在 VLAN 之上
ZXR10(config-vlan)# switchport pvid fei_1/1              //在接口上配置 VLAN
ZXR10(config-vlan)# exit
ZXR10(config)# vlan 3
ZXR10(config-vlan)# switchport pvid fei_1/2
ZXR10(config-vlan)# exit
ZXR10(config)# inter vlan 2
ZXR10(config-if)# IP add 20.1.1.1 255.255.255.0          //在 VLAN 上配置 IP
ZXR10(config-if)# exit
ZXR10(config)# inter vlan 3
```

ZXR10(config-if)#IP add 40.1.1.1 255.255.255.0

ZXR10(config-if)#exit

配置完成之后可以通过路由表查看配置：

ZXR10(config)#show IP route

IPv4 Routing Table:

Dest	Mask	GW	Interface	Owner	Pri	Metric
20.1.1.0	255.255.255.0	20.1.1.1	vlan2	direct	0	0
20.1.1.1	255.255.255.255	20.1.1.1	vlan2	address	0	0
40.1.1.0	255.255.255.0	40.1.1.1	vlan3	direct	0	0
40.1.1.1	255.255.255.255	40.1.1.1	vlan3	address	0	0

2.对1822路由器进行配置

配置如下：

ZXR10(config)#inter fei_0/1 //进入接口

ZXR10(config-if)#IP add 30.1.1.1 255.255.255.0 //配置IP地址

ZXR10(config-if)#exit

ZXR10(config)#inter fei_0/2

ZXR10(config-if)#IP add 10.1.1.1 255.255.255.0

ZXR10(config-if)#exit

配置完成之后可以通过路由表查看配置：

ZXR10(config)#show IP route

IPv4 Routing Table:

Dest	Mask	GW	Interface	Owner	Pri	Metric
10.1.1.0	255.255.255.0	10.1.1.1	fei_0/2	direct	0	0
10.1.1.1	255.255.255.255	10.1.1.1	fei_0/2	address	0	0
30.1.1.0	255.255.255.0	30.1.1.1	fei_0/1	direct	0	0
30.1.1.1	255.255.255.255	30.1.1.1	fei_0/1	address	0	0

七、验证方法

一是通过查看路由表，二是通过对两台PC设置相应网段的IP地址，然后互ping。

IP地址配置完成之后两台PC能够互相通信，在三层交换机和路由器上通过直连路由完成通信。

实验二十三　静态路由

一、知识准备

静态路由是网络管理员通过配置命令指定到路由表中的路由信息，它不像动态路由那样根据路由算法建立路由表。当配置动态路由时，有时需要把整个 Internet 的路由信息发送到一个路由器中，使该路由器难以负荷，此时就可以使用静态路由来解决这个问题。使用静态路由只需较少的配置就可以避免动态路由的使用。但是在有多个路由器、多条路径的路由环境中，配置静态路由将会变得很复杂。

二、实验目的

掌握三层交换机和路由器的静态路由配置方法及默认路由的配置方法。

三、实验内容

(1)三层交换机、路由器的静态路由配置。
(2)默认路由的配置。

四、实验设备

1822 路由器：1 台。
3928 交换机：1 台。
PC：2 台。
直连网线：1 根。

五、实验拓扑图

本实验的拓扑图如图 23－1 所示。

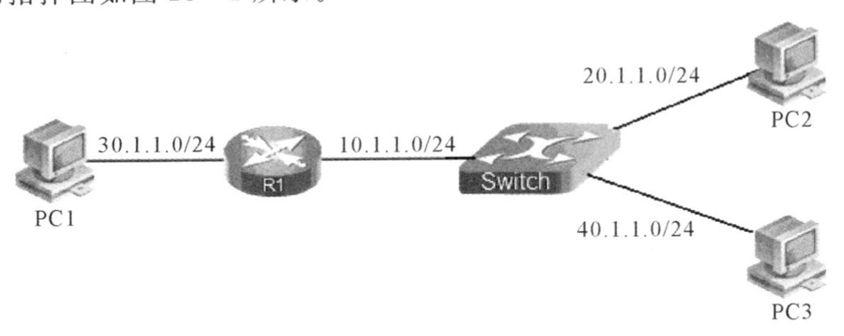

图 23－1　实验拓扑图

六、配置步骤

按照图 23－1 连接好设备，配置如下：

```
R1：
zxr10_R1＃configure terminal                            //进入全局配置模式
zxr10-R1(config)＃ interface fei_1/1                    //进入端口配置模式，该端口接三层交换机
zxr10-R1(config-if)＃IP address 10.1.1.2 255.255.255.0
                                                        //配置端口的 IP
zxr10-R1 (config-if)＃exit                              //退回全局配置模式
zxr10-R1 (config)＃interface fei_0/1                    //该端口接 PC1
zxr10-R1 (config-if)＃IP address 30.1.1.1 255.255.255.0
zxr10-R1 (config-if)＃exit
zxr10-R1 (config)＃IP route 0.0.0.0 0.0.0.0 10.1.1.1
                                                        //配置默认路由，访问所有网络地址的下一跳
                                                        //均为 10.1.1.1
3928：
ZXR10(config)＃vlan 2
ZXR10(config-vlan)＃switchport pvid fei_1/1             //端口加入 VLAN2，该端口接 PC2
ZXR10(config-vlan)＃exit
ZXR10(config)＃vlan 3
ZXR10(config-vlan)＃switchport pvid fei_1/2             //端口加入 VLAN3，该端口接 PC3
ZXR10(config-vlan)＃exit
ZXR10(config)＃vlan 4
ZXR10(config-vlan)＃switchport pvid fei_1/3             //端口加入 VLAN4，该端口接路由器 R1
ZXR10(config-vlan)＃exit
ZXR10(config)＃inter vlan 2
ZXR10(config-if)＃IP add 20.1.1.1 255.255.255.0 //配置端口 IP
ZXR10(config-if)＃exit
ZXR10(config)＃inter vlan 3
ZXR10(config-if)＃IP add 40.1.1.1 255.255.255.0
ZXR10(config-if)＃exit
ZXR10(config)＃inter vlan 4
ZXR10(config-if)＃IP add 10.1.1.1 255.255.255.0
ZXR10(config-if)＃exit
ZXR10(config)＃IP route 30.1.1.0 255.255.255.0 10.1.1.2
                                                        //配置静态路由，访问 30.1.1.0 网段时的下
                                                        //一跳为 10.1.1.2
```

七、验证方法

```
Zxr10-R1＃show IP route           //查看建立的路由条目，其中 static 表示静态路由
```

IPv4 Routing Table:

Dest	Mask	GW	Interface	Owner	Pri	Metric
0.0.0.0	0.0.0.0	10.1.1.2	fei_1/1	static	1	0
10.1.1.0	255.255.255.0	10.1.1.2	fei_1/1	direct	0	0
10.1.1.2	255.255.255.255	10.1.1.2	fei_1/1	address	0	0
30.1.1.0	255.255.255.0	30.1.1.1	fei_0/1	direct	0	0
30.1.1.1	255.255.255.255	30.1.1.1	fei_0/1	address	0	0

ZXR10(config)# show IP route

IPv4 Routing Table:

Dest	Mask	GW	Interface	Owner	Pri	Metric
10.1.1.0	255.255.255.0	10.1.1.2	vlan4	direct	0	0
10.1.1.2	255.255.255.255	10.1.1.2	vlan4	address	0	0
20.1.1.0	255.255.255.0	20.1.1.1	vlan2	direct	0	0
20.1.1.1	255.255.255.255	20.1.1.1	vlan2	address	0	0
30.1.1.0	255.255.255.0	10.1.1.1	vlan4	static	1	0
40.1.1.0	255.255.255.0	40.1.1.1	vlan3	direct	0	0
40.1.1.1	255.255.255.255	40.1.1.1	vlan3	address	0	0

注：从实验中可以看到，静态路由的优先级为 1，直连路由的优先级为 0，静态路由的优先级小于直连路由的优先级。默认路由又称缺省路由，它也是一种特殊的静态路由。当路由表中所有其他路由选择失败时，将使用默认路由。其中路由器 R1 上的默认路由也可以配置为两条静态路由 IP route 20.1.1.0 255.255.255.0 10.1.1.1 和 IP route 40.1.1.0 255.255.255.0 10.1.1.1，大家可以做实验试一下。

PC1 可以和 PC2，PC3 互通。

实验二十四　RIP 路由

一、知识准备

1. 基础知识

路由信息协议(Routing Information Protocol,RIP)是第一个实现动态选路的路由协议,该协议是基于本地网络的矢量距离算法而实现的。RIPv1 由 RFC1058 定义,RIPv2 由 RFC2453 定义。ZXR10 3928 和 ZXR10 1822 全面支持 RIPv1 和 RIPv2,缺省使用 RIPv2。RIPv2 相比 RIPv1 主要有以下优点:

(1)路由选择刷新中带有子网掩码。

(2)路由选择刷新的认证。

(3)组播路由刷新。

2. 度量值和管理距离

RIP 使用用户数据报文协议 UDP 包(端口号 520)来交换 RIP 路由信息。RIP 报文中的路由信息包含路由所经过的路由器的数量,即跳数,路由器根据跳数决定到目的网络的路由。RFC 规定最大跳数不得大于 16,因此,RIP 仅适用于规模较小的网络。若跳数为 16,则表示是无限远的距离,它代表了不可达的路由,这也是 RIP 识别和防止路由环的一种方法。

RIP 在选路时仅以跳数作为量度值,不考虑带宽、时延或其他可变因素。RIP 总是把跳数最小的路径作为优选路径,有时这会导致所选路径不是最佳。

二、实验目的

(1)掌握配置 RIP 所需的基本命令。

(2)掌握 RIP 的基本原理。

三、实验内容

RIP 协议配置。

四、实验设备

1822 路由器/3928 交换机:2 台。

PC:2 台。

交叉网线/平行网线:1 根。

五、实验拓扑图

本实验的实验拓扑图如图 24－1 所示。

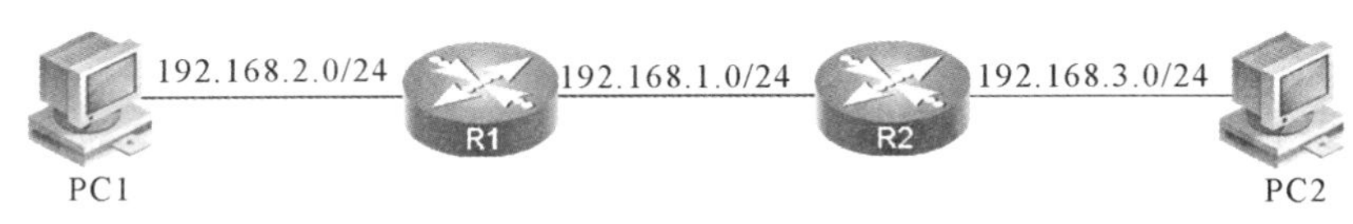

图 24－1　实验拓扑图

六、配置步骤

按照图 24－1 连接好设备。

对 R1 配置如下：

```
ZXR10_R1#configure terminal                          //进入全局配置模式
ZXR10_R1(config)#interface fei_1/1                   //进入端口配置模式
ZXR10_R1(config-if)#IP adderss 192.168.1.1 255.255.255.0
                                                     //将和 R2 连接的端口配上 IP
ZXR10_R1(config-if)#exit                             //退回全局配置模式
ZXR10_R1(config)#interface fei_0/1                   //进入端口配置模式
ZXR10_R1(config-if)#IP adderss 192.168.2.1 255.255.255.0
                                                     //将和 PC1 连接的端口配上 IP
ZXR10_R1(config-if)#exit                             //退回全局配置模式
ZXR10_R1(config)#router RIP                          //进入 RIP 路由配置模式
ZXR10_R1(config-router)#network 192.168.1.0 0.0.0.255
                                                     //将和 R2 连接的端口加入 RIP 协议中
ZXR10_R1(config-router)#network 192.168.2.0 0.0.0.255
                                                     //将和 PC1 连接的端口加入 RIP 协议中
```

对 R2 配置如下：

```
ZXR10_R2#configure terminal                          //进入全局配置模式
ZXR10_R2(config)#interface fei_1/1                   //进入端口配置模式
ZXR10_R2(config-if)#IP adderss 192.168.1.2 255.255.255.0
                                                     //将和 R1 连接的端口配上 IP
ZXR10_R2(config-if)#exit                             //退回全局配置模式
ZXR10_R2(config)#interface fei_0/1                   //进入端口配置模式
ZXR10_R2(config-if)#IP adderss 192.168.3.1 255.255.255.0
                                                     //将和 PC2 连接的端口配上 IP
ZXR10_R2(config-if)#exit                             //退回全局配置模式
ZXR10_R2(config)#router RIP                          //进入 RIP 路由配置模式
ZXR10_R2(config-router)#network 192.168.1.0 0.0.0.255
                                                     //将和 R1 连接的端口加入 RIP 协议中
ZXR10_R2(config-router)#network 192.168.3.0 0.0.0.255
                                                     //将和 PC2 连接的端口加入 RIP 协议中
```

以上路由器可以由 3928 交换机替代，配置 IP 时只须进行相应改变。

七、验证方法

```
ZXR10-R1＃show IP route
IPv4 Routing Table：
     Dest            Mask               GW           Interface   Owner    Pri  Metric
192.168.1.0     255.255.255.0      192.168.1.1      fei_1/1     direct    0      0
192.168.1.1     255.255.255.255    192.168.1.1      fei_1/1     address   0      0
192.168.2.0     255.255.255.0      192.168.2.1      fei_0/1     direct    0      0
192.168.2.1     255.255.255.255    192.168.2.1      fei_0/1     address   0      0
192.168.3.0     255.255.255.0      192.168.1.2      fei_1/1     RIP       120    2
```

测试网络互通性，应该是全网互通的，如果不是，请检查配置是否与上面的一致。现在可以看看 RIP 是怎样发现路由的，在特权模式下打开 RIP 协议调试开关，有如下信息在路由器之间传递，说明它们完成了路由信息的更新。

```
ZXR10-R1＃ debug IP RIP all
00:19:36：RIP：building update entries
192.168.2.0/24 via 0.0.0.0，metric 1，tag 0
00:19:36：RIP：Update contains 1 routes
00:19:36：RIP：sending v2 periodic update to 224.0.0.9 via fei_1/1 (192.168.1.1)
192.168.1.0/24 via 0.0.0.0，metric 1，tag 0
192.168.3.0/24 via 0.0.0.0，metric 2，tag 0
```

从上面的信息可以看到，RIP 协议版本为 version 2，这是中兴 GAR 路由器的默认版本。

水平分割默认是打开的。关闭水平分割后，可以查看和上面的 debug 信息有何不同。

```
ZXR10-R1 (config-if)＃no IP split-horizon
ZXR10-R1＃ debug IP RIP all
00:35:07：RIP：building update entries
192.168.2.0/24 via 0.0.0.0，metric 1，tag 0
192.168.3.0/24 via 0.0.0.0，metric 2，tag 0
00:35:07：RIP：Update contains 2 routes
00:35:07：RIP：sending v2 periodic update to 224.0.0.9 via fei_1/1 (192.168.1.1)
192.168.1.0/24 via0.0.0.0，metric 1，tag 0
192.168.3.0/24 via 0.0.0.0，metric 2，tag 0
00:35:07：RIP：Update contains 2 routes
00:35:07：RIP：sending v2 periodic update to 224.0.0.9 via fei_0/1 (192.168.2.1)
```

在将 R1，R2 与 PC 互连的地址分别改为 192.168.2.1/25 和 192.168.2.129/25 后，关掉自动聚合功能。观察在关掉自动聚合功能前后路由表的变化。

```
ZXR10_R1(config)＃interface fei_0/1
ZXR10_R1(config-if)＃IP adderss 192.168.2.1 255.255.255.128
ZXR10_R1(config-if)＃exit
ZXR10_R1(config)＃router RIP
ZXR10_R1(config-router)＃no auto-summary              //关闭自动聚合
ZXR10_R1＃show IP route                                //关闭前
IPv4 Routing Table：
```

Dest	Mask	GW	Interface	Owner	Pri	Metric
3.3.3.3	255.255.255.255	3.3.3.3	loopback1	address	0	0
192.168.1.0	255.255.255.0	192.168.1.1	fei_1/1	direct	0	0
192.168.1.1	255.255.255.255	192.168.1.1	fei_1/1	address	0	0
192.168.2.0	255.255.255.128	192.168.2.1	fei_0/1	direct	0	0
192.168.2.1	255.255.255.255	192.168.2.1	fei_0/1	address	0	0

ZXR10_R1＃show IP route　　　　//关闭后

IPv4 Routing Table：

Dest	Mask	GW	Interface	Owner	Pri	Metric
3.3.3.3	255.255.255.255	3.3.3.3	loopback1	address	0	0
192.168.1.0	255.255.255.0	192.168.1.1	fei_1/1	direct	0	0
192.168.1.1	255.255.255.255	192.168.1.1	fei_1/1	address	0	0
192.168.2.0	255.255.255.0	192.168.1.2	fei_1/1	RIP	120	3
192.168.2.0	255.255.255.128	192.168.2.1	fei_0/1	direct	0	0
192.168.2.1	255.255.255.255	192.168.2.1	fei_0/1	address	0	0

改变协议版本 ZXR10-R1(config-router)＃version 1 并使之生效，关闭和启动自动聚合功能时显示路由表信息，会发现都没有动态路由产生，知道为什么吗？因为 version1 不支持可变长子网掩码，而 192.168.2.1 与 192.168.2.129 属于 C 类地址，自然掩码为 24 位，属于同一网段的地址。大家可以自己做实验试一试。

注意：对接设备的 RIP 版本要一致。多网段时注意自动聚合功能的作用。

实验二十五　OSPF 路由

一、知识准备

1. OSPF 基础

开放式最短路径优先(Open Shortest Path First,OSPF)协议是当今最流行、使用最广泛的路由协议之一。OSPF 是一种链路状态协议,它克服了路由选择信息协议(RIP)和其他距离向量协议的缺点。OSPF 还是一个开放的标准,来自多个厂家的设备可以实现协议互连。

OSPF 版本 1 在 RFC1131 中定义。目前使用的是 OSPF 版本 2,在 RFC2328 中定义。ZXR10 3928 和 ZXR10 1822 全面支持 OSPF 版本 2。

OSPF 具有下列特点:

(1)快速收敛,通过快速扩散链路状态更新确保数据库的同步,并同步计算路由表。

(2)无路由环路,通过最短路径优先(SPF)算法,确保不会产生环路。

(3)路由聚合,减小路由表大小。

(4)完全无类别,支持可变长子网掩码(VLSM)和超网(CIDR)。

(5)减少所需的网络带宽,因为采用触发更新机制,只有在网络发生变化的时候才发送更新信息。

(6)支持接口的包认证,确保路由计算的安全性。

(7)使用组播方式发送更新,在起到广播作用的同时,减小了对非相关网络设备的干扰。

2. OSPF 算法

OSPF 是一个链路状态协议,OSPF 路由器通过建立链路状态数据库生成路由表,这个数据库里具有所有网络和路由器的信息。路由器使用这些信息构造路由表,为了保证可靠性,同一个区域内的所有路由器必须有一个完全相同的链路状态数据库。链路状态数据库是根据链路状态公告(LSA)构造成的,而 LSA 是每个路由器产生的,并在整个 OSPF 网络上传播。LSA 有许多类型,完整的 LSA 集合将为路由器展示整个网络的精确分布图。

OSPF 使用开销(cost)作为度量值。开销被分配到路由器的每个接口上,默认情况下,一个接口的开销以 100 Mb/s 为基准自动计算得到。到某个特定目的地的路径开销是这台路由器和目的地之间的所有链路的开销和。

为了从 LSA 数据库中生成路由表,路由器运行 Dijkstra 最短路径优先算法构建一棵开销路由树,路由器本身作为路由树的根。Dijkstra 算法使路由器计算出它到网络上每一个节点的开销最小的路径,路由器将这些路径的路由存入路由表。

和 RIP 不同,OSPF 不是简单地周期性广播它所有的路由选择信息。OSPF 路由器使用 hello 报文让“邻居”知道,自己仍然“存活”着。如果一个路由器在一段特定的时间内没有收到来自“邻居”的 hello 报文，表明这个“邻居”可能已经不再运行了。OSPF 路由刷新是递增式的，路由器通常只在拓扑结构改变时发出刷新信息。当 LSA 的生存期达到 1 800 s 时，重新发送一个该 LSA 的新版本。

3. OSPF 网络类型

通过与某个接口相连的网络的类型可以判断该接口上的 OSPF 默认行为。网络类型影响邻接的形成和路由器设定分配给这个接口的定时器的方法。

在 OSPF 中有以下 5 种网络类型：

(1)广播网络(Broadcast)。

(2)非广播多路访问网络(Non-broadcast Multi-access，NBMA)。

(3)点对点网络(Point-to-Point)。

(4)点对多点网络(Point-to-MultIPoint)。

(5)虚链路(Virtual Links)。

二、实验目的

(1)掌握配置 OSPF 所需的基本命令。

(2)理解 OSPF 邻居关系和邻接的建立。

(3)理解 OSPF 骨干域和非骨干域的作用。

三、实验内容

(1)实验 1：单区域 OSPF 配置。

(2)实验 2：多区域 OSPF 配置。

四、实验设备

1822 路由器/3928 交换机：2 台。

PC：2 台。

交叉网线/直连网线：1 根。

五、实验拓扑图

实验 1 的拓扑图如图 25－1 所示。

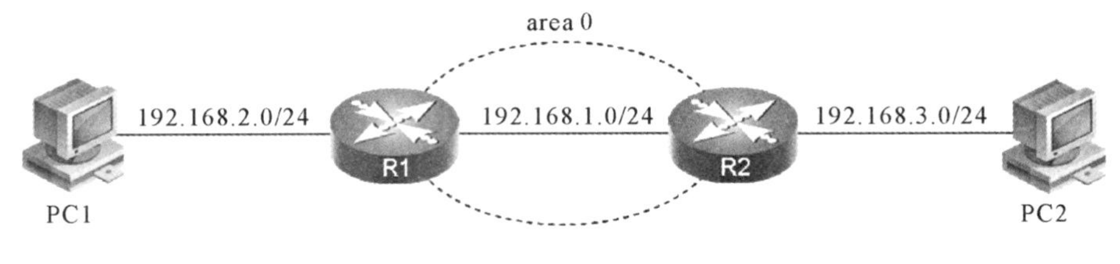

图 25－1　实验 1 拓扑图

实验 2 的拓扑图如图 25－2 所示。

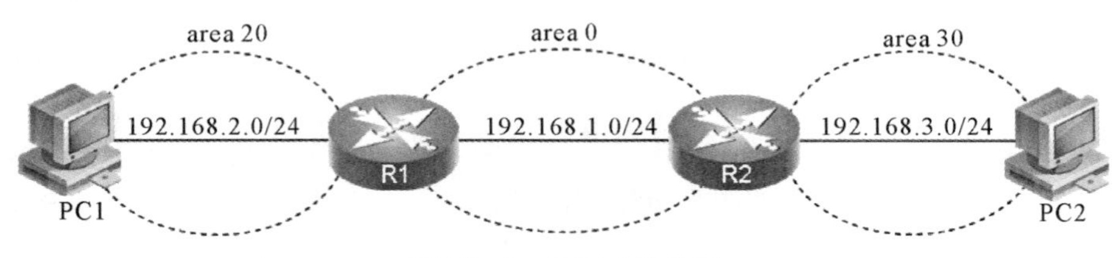

图 25－2　实验 2 拓扑图

六、配置步骤

1. 实验 1

按照图 25－1 连接好设备。

对 R1 配置：

```
ZXR10_R1#configure terminal                         //进入全局配置模式
ZXR10_R1(config)#interface loopback1                //进入端口配置模式
ZXR10_R1(config-if)#IP adderss 10.1.1.1 255.255.255.255
                                                    //配置 loopback1 地址
ZXR10_R1(config-if)#exit                            //退回全局配置模式
ZXR10_R1(config)#interface fei_1/1                  //进入端口配置模式
ZXR10_R1(config-if)#IP adderss 192.168.1.1 255.255.255.0
                                                    //将和 R2 连接的端口配上 IP 地址
ZXR10_R1(config-if)#exit                            //退回全局配置模式
ZXR10_R1(config)#interface fei_0/1                  //进入端口配置模式
ZXR10_R1(config-if)#IP adderss 192.168.2.1 255.255.255.0
                                                    //将和 PC1 连接的端口配上 IP 地址
ZXR10_R1(config-if)#exit                            //退回全局配置模式
ZXR10_R1(config)#router OSPF 10                     //进入 OSPF 路由配置模式,进程号为 10
ZXR10_R1(config-router)#router-id 10.1.1.1          //将 loopback1 配置为 OSPF 的 router-id
ZXR10_R1(config-router)#network 192.168.1.0 0.0.0.255 area 0
                                                    //将和 R2 连接的端口(可以是端口地址或网
                                                    //段)加入 OSPF 骨干域 area 0,骨干域为 OSPF
                                                    //中必需的
ZXR10_R1(config-router)#redistribute connected      //重分布直连路由
```

对 R2 配置：

和 R1 配置类似，R2 上 loopback1 地址设为 10.1.2.1/32。对照图 25－1，注意相应端口 IP 地址的变化。

2. 实验 2

在实验 1 的基础上，将 R1/R2 和 PC 连接的端口分别加入 OSPF area 20/30 中。

对 R1 配置：

```
ZXR10_R1#configure terminal                         //进入全局配置模式
ZXR10_R1(config)#interface loopback1                //进入端口配置模式
ZXR10_R1(config-if)#IP adderss 10.1.1.1 255.255.255.255
                                                    //配置 loopback1 地址
```

```
ZXR10_R1(config)#interface fei_1/1                //进入端口配置模式
ZXR10_R1(config-if)#IP adderss 192.168.1.1 255.255.255.0
                                                  //将和 R2 连接的端口配上 IP 地址
ZXR10_R1(config-if)#exit                          //退回全局配置模式
ZXR10_R1(config)#interface fei_0/1                //进入端口配置模式
ZXR10_R1(config-if)#IP adderss 192.168.2.1 255.255.255.0
                                                  //将和 PC1 连接的端口配上 IP 地址
ZXR10_R1(config-if)#exit                          //退回全局配置模式
ZXR10_R1(config)#router OSPF 10
                                                  //进入 OSPF 路由配置模式,进程号为 10
ZXR10_R1(config-router)#router-id 10.1.1.1
                                                  //将 loopback1 配置为 OSPF 的 router-id
ZXR10_R1(config-router)#network 192.168.1.0 0.0.0.255 area 0
                                                  //将和 R2 连接的端口(可以是端口地址或网
                                                  //段)加入 OSPF 骨干域 area 0,骨干域为 OSPF
                                                  //中必需的
ZXR10_R1(config-router)#network 192.168.2.0 0.0.0.255 area 20
                                                  //将和 PC1 连接的端口加入 OSPF area 20
```

对 R2 配置：

和 R1 配置类似,R2 上 loopback1 地址设为 10.1.2.1/32。对照图 25-2,注意相应端口 IP 地址的变化。和 PC2 连接的端口加入到 OSPF area 30 中。

七、验证方法

1. 实验 1

```
ZXR10_R1#sho IP OSPF neighbor                     //查看 OSPF 邻居关系的建立情况
OSPF Router with ID (10.1.1.1)(Process ID 100)
Neighbor 10.1.2.1
In the area 0.0.0.0
via interface fei_1/1 192.168.1.2
Neighbor is DR
State FULL, priority 1, Cost 1
Queue count: Retransmit 0, DD 0, LS Req 0
Dead time: 00:00:37
In Full State for 00:00:35                        //FULL 状态表示建立成功
```

注:如果一台路由器没有手工配置 Router ID,那么系统会从当前接口的 IP 地址中自动选一个。选择的原则如下:如果路由器配置了 loopback 接口,则优选 loopback 接口;如果没有配置 loopback 接口,那么从状态已经 UP 的物理接口中选择接口 IP 地址最小的一个。对于该原则,大家可以自己在路由器上验证一下。由于自动选取的 Router ID 会随着 IP 地址的变化而改变,这样会干扰协议的正常运行,所以强烈建议手工指定 Router ID。

```
ZXR10_R1#show IP route
IPv4 Routing Table:
```

Dest	Mask	GW	Interface	Owner	Pri	Metric
192.168.1.0	255.255.255.0	192.168.1.1	fei_1/1	direct	0	0
192.168.1.1	255.255.255.255	192.168.1.1	fei_1/1	address	0	0
192.168.2.0	255.255.255.0	192.168.2.1	fei_0/1	direct	0	0
192.168.2.1	255.255.255.255	192.168.2.1	fei_0/1	address	0	0
192.168.3.0	255.255.255.0	192.168.1.2	fei_1/1	OSPF	110	20

ZXR10_R1＃debug IP OSPF adj　　　　//查看 hello 包的收发

OSPF adjacency events debugging is on

03:35:34: OSPF: Rcv hello from 192.168.1.2 area 0.0.0.0 on intf 192.168.1.1

03:35:34: OSPF: End of hello processing

03:35:41: OSPF: Send hello to area 0.0.0.0 for all nbrs of intf 192.168.1.1 fei_1/1

2. 实验 2

ZXR10_R1＃show IP route

IPv4 Routing Table:

Dest	Mask	GW	Interface	Owner	Pri	Metric
192.168.1.0	255.255.255.0	192.168.1.1	fei_1/1	direct	0	0
192.168.1.1	255.255.255.255	192.168.1.1	fei_1/1	address	0	0
192.168.2.0	255.255.255.0	192.168.2.1	fei_0/1	direct	0	0
192.168.2.1	255.255.255.255	192.168.2.1	fei_0/1	address	0	0
192.168.3.1	255.255.255.255	192.168.1.2	fei_1/1	OSPF	110	2

可以看到和实验 1 中的路由 metric 值不一样，知道为什么吗？

其他可以参照实验 1 的验证来做。

注：建议以 loopback 地址为 OSPF 的 Router ID。

实验二十六　ACL 配置

一、知识准备

1. ACL 概述

通常使用 ACL(访问控制列表)实现策略路由和特殊流量的控制。在一个 ACL 中可以包含一条或多条特定类型的 IP 数据报的规则。ACL 可以简单到只包括一条规则,也可以复杂到包括很多规则。每条规则告诉路由器对于与规则中所指定的选择标准相匹配的分组是准许还是拒绝通过。

每个被定义的 ACL 都有一个用以识别的访问列表号,它是一个数字,如 100。ACL 分为标准 ACL 和扩展 ACL。标准 ACL 的访问列表号为 1～99 和 1300～1999,扩展 ACL 的访问列表号为 100～199 和 2000～2699。

2. ACL 选择标准

ACL 规则中的选择标准描述了分组的特性。我们可以定义一个基于源地址过滤的 ACL,也可以定义一个基于源地址和目的地址的特定流的 ACL。通常使用下列标准来定义一个 ACL 语句:

- 源 IP 地址。
- 目的 IP 地址。
- 源端口号。
- 目的端口号。
- 协议类型。

这些选择标准被指定为 ACL 规则的域。在定义 ACL 时,编号在 1～99 之间的 ACL 称为标准 ACL,在标准 ACL 中仅对源地址进行定义。编号在 100～199 之间的 ACL 称为扩展 ACL,在扩展 ACL 中可以对源地址、目的地址、源端口号、目的端口号、协议号进行定义。

二、实验目的

(1)理解 ACL 基本原理,了解 ACL 在网络中的应用。

(2)掌握 ACL 的数据配置方法。

三、实验内容

ACL 访问控制列表配置。

四、实验设备

1822 路由器/3928 交换机：1 台。
PC：2 台。

五、实验拓扑图

本实验的拓扑图如图 26－1 所示。

图 26－1　实验拓扑图

六、配置步骤

关于 ACL 有 3 个独立的实验，在进行下一个实验时，应删除上一个实验的配置。

1. 实验 1　标准 ACL 实验

按照图 26－1 连接好设备，配置如下：

步骤 1：配置互联地址。

```
ZXR10(config)#interface fei_1/1
ZXR10(config-if)#IP address 10.1.1.1 255.255.255.0
ZXR10(config-if)#exit
ZXR10(config)#interface fei_0/1
ZXR10(config-if)#IP address 10.1.2.1 255.255.255.0
ZXR10(config-if)#exit
```

步骤 2：配置标准 ACL，禁止 PC1 的网段发起访问。

```
ZXR10(config)#IP access-list standard 10
ZXR10(config-std-nacl)#deny 10.1.1.0 0.0.0.255    //拒绝源地址是 10.1.1.0 的网段
ZXR10(config-std-nacl)#exit
```

步骤 3：应用到接口。

```
ZXR10(config)#interface fei_1/1
ZXR10(config-if)#IP access-group 10 in            //应用到接口后 ACL 才生效
ZXR10(config-if)#exit
ZXR10(config)#
```

2. 实验 2　扩展 ACL 实验

步骤 1：配置互联地址。

```
ZXR10(config)#interface fei_1/1
ZXR10(config-if)#IP address 10.1.1.1 255.255.255.0
ZXR10(config-if)#exit
ZXR10(config)#interface fei_0/1
ZXR10(config-if)#IP address 10.1.2.1 255.255.255.0
ZXR10(config-if)#exit
```

步骤 2：配置扩展 ACL，只允许 PC1 访问 PC2 的 ftp 服务。

```
ZXR10(config)#IP access-list extended 100
ZXR10(config-ext-nacl)#permit tcp 10.1.1.0 0.0.0.255 10.1.2.0 0.0.0.255 eq ftp
                                        //扩展 ACL，拒绝源地址段是 10.1.1.0，目的
                                        //地址段是 10.1.2.0，目的端口号为 ftp(21)
                                        //的网段
ZXR10(config-ext-nacl)#deny IP any any
                                        //由于有隐式拒绝规则存在，因此这条可以
                                        //忽略
ZXR10(config-ext-nacl)#exit
```

步骤 3：应用到接口。

```
ZXR10(config)#interface fei_1/1
ZXR10(config-if)#IP access-group 100 in         //应用到接口后，ACL 才能生效
ZXR10(config-if)#exit
ZXR10(config)#
```

3. 实验 3　ACL 应用到服务

ACL 作为过滤数据包，只是它的作用之一，本实验演示了 ACL 的一个其他应用。另外，在 NAT 实验中，还将使用到 ACL。

按照图 26 - 1 连接好设备，配置如下：

步骤 1：配置互联地址。

```
ZXR10(config)#interface fei_1/1
ZXR10(config-if)#IP address 10.1.1.1 255.255.255.0
ZXR10(config-if)#exit
ZXR10(config)#interface fei_0/1
ZXR10(config-if)#IP address 10.1.2.1 255.255.255.0
ZXR10(config-if)#exit
ZXR10(config)#username zte password zte         //配置 telnet 的用户账户
```

步骤 2：配置 ACL。

```
ZXR10(config)#IP access-list standard 20
ZXR10(config-std-nacl)#permit 10.1.2.0 0.0.0.255
                                        //允许源地址是 10.1.2.0 的网段，隐式拒绝
                                        //其他所有的网段
```

步骤 3：应用到 Telnet 服务。

```
ZXR10(config-std-nacl)#exit
ZXR10(config)#line telnet access-class 20       //应用到 telnet 服务
ZXR10(config)#
```

七、验证方法

1. 实验 1　标准 ACL 实验

步骤 1，2 完成后，PC1 和 PC2 配置相应网段的地址，可以互相 ping 通，可以互相访问任何服务，如文件共享、FTP 等。

步骤3完成后,PC1和PC2不能互相ping通,不能互相访问任何服务。

2.实验2 扩展ACL实验

步骤1,2完成后,PC1和PC2配置相应网段的地址,可以互相ping通,PC1可以访问PC2的FTP服务。

步骤3完成后,PC1和PC2不能互相ping通,但PC1仍然可以访问PC2的FTP服务。

3.实验3 ACL应用到服务

步骤1,2完成后,PC1和PC2都可以telnet到路由器上。

步骤3完成后,只有PC2能telnet到路由器上,而PC1不能。

实验二十七　DHCP 配置

一、知识准备

DHCP(动态主机配置协议)能够让网络上的主机从一个 DHCP 服务器上获得一个可以让其正常通信的 IP 地址以及相关的配置信息。RFC2131 详细地描述了 DHCP。

DHCP 采用 UDP 作为传输协议,主机发送消息到 DHCP 服务器的 67 号端口,服务器回消息给主机的 68 号端口。DHCP 的工作主要分为以下几步:

(1)主机发送一个请求 IP 地址和其他配置参数的广播报文 DHCPDiscover。

(2)DHCP 服务器回送一个包含有效 IP 地址及配置的单播报文 DHCPOffer。

(3)主机选择 DHCPOffer 最先到达的那个服务器,并向它发送一个广播的请求,表示接受相关配置。

(4)选中的 DHCP 服务器回送一个确认的单播报文 DHCPAck。

至此,主机就可以利用从 DHCP 服务器获得的 IP 地址和相关配置进行通信。

DHCP 服务器为主机分配的 IP 地址有以下 3 种形式:

(1)管理员将一个 IP 地址分配给一个确定的主机。

(2)随机将地址永久性分配给主机。

(3)随机将地址分配给主机使用一段时间。

我们常用的是第 3 种形式。地址的有效使用时间段称为租用期。租用期满之前,主机必须向服务器请求继续租用,服务器接受请求才能继续使用,否则无条件放弃。

默认情况下,路由器不会将收到的广播包从一个子网发送到另一个子网。而当 DHCP 服务器和客户主机不在同一个子网时,充当客户主机默认网关的路由器必须将广播包发送到 DHCP 服务器所在的子网,这一功能就称为 DHCP 中继。

ZXR10 3900/3200 既可以作为 DHCP 服务器,也可以充当 DHCP 中继转发 DHCP 信息,但两种功能不能同时使用。

DHCP Snooping 是一个应用于交换机中二层的功能,目的是在一定程度上解决 DHCP 协议本身不具有安全性所带来的潜在的被攻击的风险。DHCP Snooping 需要捕获网络中所有经过交换机进行转发的 DHCP 协议数据包,不论此数据包是否是广播数据包。然后,根据用户配置的管理策略或动态生成的 DHCP SnoopingBinding 数据库对 DHCP 数据包进行有效性检查和策略过滤。

二、实验目的

(1)掌握配置 DHCP 所需的基本命令。

(2)理解和巩固 DHCP 的基本原理。

三、实验内容

(1)在 GAR 上配置 DHCP Server。
(2)在 GAR 上配置 DHCP Relay。

四、实验设备

1822 路由器/3928 交换机:2 台。
PC:1 台。
交叉网线/直连网线:1 根。

五、实验拓扑图

本实验的拓扑图如图 27－1 所示。

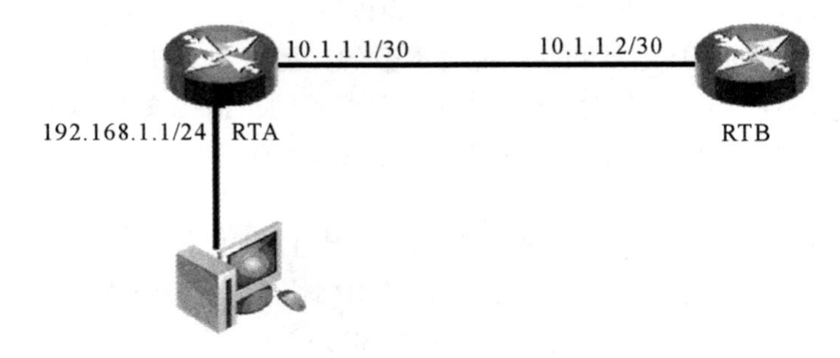

图 27－1　实验拓扑图

六、配置步骤

1. 实验 1　RTA 作为 DHCP Server 的配置

```
RTA(config)#IP local pool dhcp 192.168.1.2 192.168.1.254 255.255.255.0
                                                //定义地址池
RTA(config)#interface fei_1/1
RTA(config-if)#user-interface                   //定义用户接口
RTA(config-if)#IP address 192.168.1.1 255.255.255.0
RTA(config-if)#IP dhcp gateway 192.168.1.1      //定义 DHCP 网关
RTA(config-if)#peer default IP pool dhcp        //将地址池和接口关联起来
RTA(config-if)#exit
RTA(config)#IP dhcp server enable               //启动 DHCP 服务
RTA(config)#IP dhcp server enable dns 2.2.2.2
```

2. 实验 2　RTA 作为 DHCP Relay 的配置

对 RTA 的配置:

```
RTA(config)#interface fei_1/1
RTA(config-if)#user-interface
RTA(config-if)#IP address 192.168.1.1 255.255.255.0
```

```
RTA(config-if)# IP dhcp relay agent 192.168.1.1    //配置 DHCP RELAY AGENT
RTA(config-if)#IP dhcp relay server 10.1.1.2       //配置 DHCP Server 的 IP 地址
RTA(config-if)#exit
RTA(config)#IP dhcp relay enable
RTA(config)#IP route 0.0.0.0 0.0.0.0 10.1.1.2  //配置到 DHCP Server 的路由
```

对 RTB 的配置：

```
RTB(config)#IP local pool dhcp 192.168.1.2 192.168.1.254 255.255.255.0
RTB(config)#interface fei_1/1
RTB(config-if)#user-interface
RTB(config-if)#IP address 10.1.1.2 255.255.255.0
RTB(config-if)#peer default IP pool dhcp
RTB(config-if)# IP dhcp gateway 192.168.1.1
RTB(config-if)#exit
RTB(config)#dhcp server enable
RTB(config)#IP route 0.0.0.0 0.0.0.0 10.1.1.1
```

七、验证方法

将 PC 接到 RTA 的 fei_1/1，将 IP 地址的获取方式改成自动获取。

(1)作为 DHCP Server 时，PC 可以获取到 192.168.1.0/24 网段地址。

```
RTA#sh IP dhcp server user
Current online users are 1.
Index MAC addr        IP addr        State    Interface     Expiration
1  00A0.D1D1.170D192.168.1.2     BOUND     fei_1/1         11:09:47 03/13/2006
```

在 PC 上使用 IPconfig /all 的命令，也可以观察到 PC 获取的 IP 地址：

```
C:\IPconfig /all
Ethernet adapter 本地连接:
Connection-specific DNS Suffix  . :
DescRIPtion . . . . . . . : Intel(R) PRO/100 VE Network Connection
Physical Address. . . . . . . . . : 00-A0-D1-D1-17-0D
DHCP Enabled. . . . . . . . . . . : Yes
Autoconfiguration Enabled . . . . : Yes
IP Address. . . . . . . .  . . . . :192.168.1.2
Subnet Mask . . . . . . . . . . . : 255.255.255.0
Default Gateway . . . . . . . . . :192.168.1.1
DHCP Server . . . . . . . . . . . : 192.168.1.1
DNS Servers . . . . . . . . . . . :2.2.2.2
Lease Obtained. . . . . . . . . . : 2006 年 3 月 13 日 11:15:40
Lease Expires . . . . . . . . . . :2006 年 3 月 13 日 12:15:40
```

(2)RTA 配置 DHCP Relay 时，PC 可以从 RTB 获取到 192.168.1.0/24 网段地址。

实验二十八　路由器 NAT

一、知识准备

1. NAT 概述

随着国际互联网络的迅速发展，网络面临的最大的问题之一就是 IP 地址不够用。NAT（网络地址转换）的使用可以在一定程度上缓解这方面的压力。NAT 允许一个组织重用一个或多个注册过的全球唯一的 IP 地址。

图 28－1 所示为 NAT 的基本工作原理。

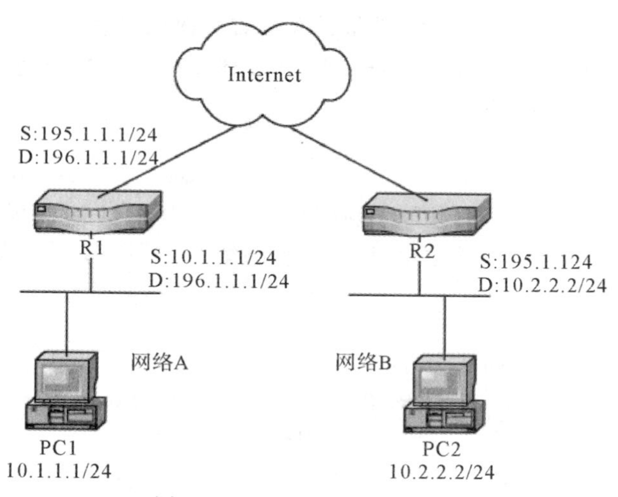

图 28－1　NAT 基本原理图

图 28－1 中，分别属于两个不同组织的网络 A 和网络 B 都使用私网地址 10.0.0.0 作为它们的内部地址。每个组织都分配到一个 Internet 注册过的唯一的公网地址，供内部专用网络到外部公用网络通信时用。

在发生地址转换的两个网络之间，一个作为内部网（inside），另一个作为外部网（outside），承担 NAT 功能的路由器被放置在内部网与外部网的交界处。

当 PC1（10.1.1.1）要向 PC2（10.2.2.2）发送数据时，PC1 将 PC2 所属网络的全局唯一地址 196.1.1.1 作为数据包的目的地址。当数据包到达 R1 时，R1 将源地址 10.1.1.1 转换为全局唯一地址 195.1.1.1。当数据包到达 R2 时，R2 将目的地址转为私网 IP 地址 10.2.2.2。从 PC2 向 PC1 返回的数据包也作类似的转换。

这些转换不需要对内部网络的主机进行附加配置。在 PC1 看来，196.1.1.1 就是网络 B

上 PC2(10.2.2.2)的 IP 地址。同样,对 PC2 来说,195.1.1.1 是网络 A 上 PC1(10.1.1.1)的 IP 地址。

通常在以下几种情况下会用到 NAT 转换:

(1)将私有的网络接入 Internet,而又没有足够的注册 IP 地址。

(2)两个要求互联的网络的地址空间重叠。

(3)改变了服务提供商,需要对网络重新编址。

(4)多宿主 AS。

NAT 可分为静态地址转换和动态地址转换两种:

(1)静态地址转换:静态地址转换是网络管理员预先定义的,它是一个内部地址和外部地址的一一对应。内部网的主机与外部通信时,其数据包在被路由器发送到外网之前,静态 NAT 规定的内部地址会被转换成对应的外网地址,而路由器在将外网的数据包发送到内部网之前,也会将外网地址转换成相应的内网地址。

(2)动态地址转换:动态地址转换分为一对一动态 NAT、地址重载动态 NAT 和 NAT 接口地址复用三种。

1)一对一动态 NAT:当一个内部网主机发起一个与外网主机的会话时,数据包在进入外网之前,路由器在用于地址转换的外网地址池中随机挑选一个空闲地址,用它来作为新的源地址,从而替换掉了内网的源地址。路由器保留这个转换记录,用于将回应包的目的地址转换成内网的目的地址。会话期间,该地址被独占使用,会话结束后,外网地址被释放,可以再次分配。

2)地址重载动态 NAT:在没有空闲地址可用的情况下,可以在一对一动态 NAT 的配置基础上启用 PAT(端口地址转换)功能,路由器将会挑选一个已使用地址的空闲端口,用这个地址和端口的配对(通常被称为套接字,socket)来替换内网数据包中的相应地址和端口。

3)NAT 接口地址复用:以上的 NAT 功能,需要知道公网地址,才能配置静态条目或者将其加入到 NAT 地址池中。当路由器通过动态地址协议(DHCP)获取到公网地址时,由于地址的不可预知性,以及分配到的地址可能在运行过程中变化,因而给 NAT 地址复用带来了困难。针对上述情况,可以采用 NAT 接口地址复用的方法来解决。通过把相关的 ACL 规则和接口进行绑定,使用接口的地址作为公网地址的方式,实现对动态获得的公网地址的复用。配置后,满足条件的数据将使用指定接口的地址作为公网地址进行 NAT 映射。

二、实验目的

(1)理解 NAT 基本原理,了解 NAT 在网络中的应用。

(2)掌握 NAT 的数据配置方法。

三、实验内容

路由器通过百兆口和 2 台 PC 对接,配置互联地址。

四、实验设备

1822 路由器:1 台。

PC:2 台。

五、实验拓扑图

本实验的拓扑图如图 28－2 所示。

图 28－2　实验拓扑图

六、配置步骤

步骤 1，按图 28－2 搭建实验环境，配置互联地址。fei_1/1 为 inside，fei_0/1 为 outside。

```
ZXR10(config)#IP nat start                              //配置 NAT 前，先打开 NAT 功能
ZXR10(config)#interface fei_1/1
ZXR10(config-if)#IP address 10.1.1.1 255.255.255.0
ZXR10(config-if)#IP nat inside                          //配置为内网接口
ZXR10(config-if)#exit
ZXR10(config)#interface fei_0/1
ZXR10(config-if)#IP address 10.1.2.1 255.255.255.0
ZXR10(config-if)#IP nat outside                         //配置为外网接口
ZXR10(config-if)#exit
```

步骤 2，分别配置以下类型的 NAT，注意进行新的实验时删除上一个实验的 NAT 配置，删除的步骤和配置的步骤相反。

(1)配置静态一对一的 NAT：10.1.1.2 →20.1.1.2。

```
ZXR10(config)#IP nat inside source static 10.1.1.2 20.1.1.2
                                                        //定义 NAT 规则
```

(2)配置动态一对一的 NAT：10.1.1.0/24 →20.1.1.2-254/24。

```
ZXR10(config)#IP nat pool p1 20.1.1.2 20.1.1.254 prefix-length 24
                                                        //定义地址池
ZXR10(config)#IP access-list standard 10                //定义允许做访问列表的用户网段
ZXR10(config-std-nacl)#permit 10.1.1.0 0.0.0.255
ZXR10(config-std-nacl)#exit
ZXR10(config)#IP nat inside source list 10 pool p1      //定义 NAT 规则
```

(3)配置动态多对多的 NAT(overload)：10.1.1.0/25 →20.1.1.2-10/25。

```
ZXR10(config)#IP nat pool p1 20.1.1.2 20.1.1.10 prefix-length 24
ZXR10(config)#IP access-list standard 10
ZXR10(config-std-nacl)#permit 10.1.1.0 0.0.0.255
ZXR10(config-std-nacl)#exit
ZXR10(config)#IP nat inside source list 10 pool p1 overload
                                                        //overload 是指公网地址可被复用
```

(4)配置动态多对一的 NAT(PAT)：10.1.1.0/25 →20.1.1.20-20/25。

```
ZXR10(config)#IP nat pool p1 20.1.1.20 20.1.1.20 prefix-length 24
```

```
ZXR10(config)#IP access-list standard 10
ZXR10(config-std-nacl)#permit 10.1.1.0 0.0.0.255
ZXR10(config-std-nacl)#exit
ZXR10(config)#IP nat inside source list 10 pool p1 overload
```

因为要进行多次 NAT 实验，所以不可避免地要删除部分 NAT 配置。完整地删除 NAT 配置需按照以下步骤(本次实验一般用到前 2 个步骤即可)进行：

1)删除 NAT 规则，即 IP nat inside source 命令：

```
ZXR10(config)#no IP nat inside source static 10.1.1.2 20.1.1.2
                                                    //删除静态 NAT 规则
ZXR10(config)#no IP nat inside source list 10 pool p1  //删除动态 NAT 规则
```

2)删除 IP pool：

```
ZXR10(config)#no IP nat pool p1
```

3)删除 ACL：

```
ZXR10(config)#no IP access-list standard 10
```

4)删除 inside，outside：

```
ZXR10(config)#interface fei_1/1
ZXR10(config-if)#no IP nat inside
ZXR10(config-if)#exit
ZXR10(config)#interface fei_0/1
ZXR10(config-if)#no IP nat outside
ZXR10(config-if)#exit
```

5)关闭 NAT 功能：

```
ZXR10(config)#IP nat stop
```

七、验证方法

(1)配置静态一对一的 NAT：10.1.1.2 →20.1.1.2。

PC1 可以 ping 通 PC2 的地址 10.1.2.2，PC2 可以 ping 通 PC1 的公网地址 20.1.1.2。

使用 show IP nat translations 命令可以看到以下转换条目：

```
ZXR10#show IP nat translations
Pro   Inside global     Inside local     TYPE
---   20.1.1.2          10.1.1.2         S/-
```

(2)配置动态一对一的 NAT：10.1.1.0/24 →20.1.1.2-254/24。

PC1 可以 ping 通 PC2 的地址 10.1.2.2，PC2 可以 ping 通 PC1 的公网地址 20.1.1.2。

使用 show IP nat translations 命令可以看到转换条目。

改变 PC1 的 IP 地址，可以看到产生新的转换条目。

(3)配置动态多对多的 NAT(overload)：10.1.1.0/25 →20.1.1.2-10/25。

PC1 可以 ping 通 PC2 的地址 10.1.2.2。

使用 show IP nat translations 命令可以看到转换条目。

改变 PC1 的 IP 地址，可以看到产生新的转换条目。

(4)配置动态多对一的 NAT(PAT)：10.1.1.0/25 →20.1.1.20-20/25。

修改 PC1 的 IP，观察 NAT 表变化。

PC1 可以 ping 通 PC2 的地址 10.1.2.2。

使用 show IP nat translations 命令可以看到转换条目。

改变 PC1 的 IP 地址,可以看到产生新的转换条目。

参 考 文 献

[1] 谢希仁. 计算机网络[M]. 7 版. 北京:电子工业出版社,2017.
[2] 何怀文,等. 计算机网络实验教程[M]. 北京:清华大学出版社,2013.
[3] 叶阿勇,等. 计算机网络实验与学习指导:基于 Cisco Packet Tracer 模拟器[M]. 北京:电子工业出版社,2014.
[4] 郭雅. 计算机网络实验指导书[M]. 北京:电子工业出版社,2012.